高等职业教育"十三五"精品规划教材

Office 2010 办公自动化高级应用
实例教程（第二版）

主　编	谢海燕	吴红梅	陈永梅
副主编	谭彩明	何晓园	陈永芳
主　审	周洁文		
参　编	陈桥君	韩　倩	梁凤燕

中国水利水电出版社
www.waterpub.com.cn

·北京·

内 容 提 要

本书根据编者多年累积的实践和教学经验,从办公人员的实际需求出发,以通俗易懂的语言,精心挑选多个常用的办公实例编写而成。

全书分为 3 个部分,共 14 章,包括 Word 软件应用、Excel 软件应用以及 PowerPoint 软件应用,其中 Word 软件应用涵盖了第 1~7 章,主要介绍公文制作、批量证书制作、个人名片制作、办事流程图制作、宣传小报制作、论文编辑排版、常用办公表格制作等知识;Excel 软件应用涵盖了第 8~11 章,主要介绍职工信息表制作、销售记录表数据分析、订单信息表统计管理、成绩统计表制作等知识;PowerPoint 软件应用涵盖了第 12~14 章,主要介绍活动会议演示文稿制作、企业宣传演示文稿制作、相册演示文稿制作等知识。

本书既可以作为高等本专科院校和中高等职业院校办公自动化课程的教材或教学参考书,也可以作为各类办公人员的培训教材,同时还可供广大计算机爱好者自学参考。

本书配有电子教案,读者可以从中国水利水电出版社网站(www.waterpub.com.cn)或万水书苑网站(www.wsbookshow.com)免费下载。

图书在版编目(CIP)数据

Office 2010办公自动化高级应用实例教程 / 谢海燕,
吴红梅, 陈永梅主编. -- 2版. -- 北京 : 中国水利水电
出版社, 2019.4(2025.1重印)
高等职业教育"十三五"精品规划教材
ISBN 978-7-5170-7599-8

Ⅰ. ①O… Ⅱ. ①谢… ②吴… ③陈… Ⅲ. ①办公自
动化-应用软件-高等职业教育-教材 Ⅳ. ①TP317.1

中国版本图书馆CIP数据核字(2019)第069216号

策划编辑:陈红华　　责任编辑:魏渊源　　封面设计:李 佳

书　　名	高等职业教育"十三五"精品规划教材 Office 2010 办公自动化高级应用实例教程(第二版) OFFICE 2010 BANGONG ZIDONGHUA GAOJI YINGYONG SHILI JIAOCHENG
作　　者	主　编　谢海燕　吴红梅　陈永梅 副主编　谭彩明　何晓园　陈永芳 主　审　周洁文
出版发行	中国水利水电出版社 (北京市海淀区玉渊潭南路 1 号 D 座　100038) 网址:www.waterpub.com.cn E-mail: mchannel@263.net(答疑) 　　　　sales@mwr.gov.cn 电话:(010) 68545888(营销中心)、82562819(组稿)
经　　售	北京科水图书销售有限公司 电话:(010) 68545874、63202643 全国各地新华书店和相关出版物销售网点
排　　版	北京万水电子信息有限公司
印　　刷	三河市鑫金马印装有限公司
规　　格	184mm×260mm　16 开本　14.75 印张　360 千字
版　　次	2013 年 8 月第 1 版　2013 年 8 月第 1 次印刷 2019 年 4 月第 2 版　2025 年 1 月第 12 次印刷
印　　数	41001—43000 册
定　　价	38.00 元

第二版前言

进入 21 世纪，科学技术突飞猛进，特别是信息技术和网络技术的迅速发展及其广泛应用，对政治、经济、军事、科技和文化等领域产生越来越深刻的影响。在全球信息化发展的今天，许多单位对工作人员的办公处理能力提出越来越高的要求，学习办公自动化知识，适应信息化发展的需要，已经成为各类专业学生的共识。培养一大批信息处理人才，不仅是经济和社会发展的需要，也是计算机和信息技术教育者的历史责任。

办公自动化（Office Automation，OA）是建立在办公室工作基础上的计算机技术应用和推广的一门科学，是现代企业发展必不可少的一种新型的办公方式。Office 软件是目前使用最广泛、最流行的办公自动化软件之一，它以界面简洁明了、功能丰富而强大赢得广泛的用户。Office 2010 是 Microsoft 继 Office 2007 后最新推出的新一代功能强大的办公处理软件，与 Office 2007 相比，其功能更加强大、操作更加方便、使用更加安全和稳定。本书详细介绍了 Word 2010、Excel 2010 和 PowerPoint 2010 等常用组件的使用方法，其卓越的文本处理功能、数据分析功能以及超强的动感文稿制作功能超越了以往各个版本，使用户获得非常便捷的办公体验。

为帮助广大用户快速掌握 Office 常用组件在办公领域的运用技巧、提高办公操作技能，编者根据多年积累的实践和教学经验，从办公人员的实际需求出发，以通俗易懂的语言，精心挑选多个常用的办公实例，对第一版的内容做了大量的修改，编写了这本《Office 2010 办公自动化高级应用实例教程》（第二版）。本书围绕 Office 2010 中最常用的三大组件（Word、Excel 和 PowerPoint）在办公领域的应用，针对办公用户的需求对这三大组件的应用技术进行了重点讲解。全书分为 3 个部分，包括 Word 软件应用、Excel 软件应用和 PowerPoint 软件应用。全书共 14 章，其中 Word 软件应用涵盖了第 1～7 章，主要介绍公文制作、批量证书制作、个人名片制作、办事流程图制作、宣传小报制作、论文编辑排版、常用办公表格制作等知识；Excel 软件应用涵盖了第 8～11 章，主要介绍职工信息表制作、销售记录表数据分析、订单信息表统计管理、成绩统计表制作等知识；PowerPoint 软件应用涵盖了第 12～14 章，主要介绍活动会议演示文稿制作、企业宣传演示文稿制作、相册演示文稿制作等知识。

本书最大的特点就是全部采用丰富的实例进行讲解，将知识点融入实例之中，让读者在循序渐进中掌握相关技能。本书所有实例均是办公人员日常工作中密切相关的常用案例，都是经过作者反复推敲和研究后制作的，实例涉及的技能由浅入深，知识以够用为度，注重实践，重点培养技能的渐进性和读者的综合应用能力，进一步提高读者的办公操作技能。本书采用"学习目标—实例简介—实例制作—实例小结—拓展练习"的结构进行安排，"学习目标"介绍学习本章的主要目标；"实例简介"简要介绍实例的使用情况和涉及的知识点；"实例制作"剖析了实例的具体解决过程和方法；"实例小结"对实例的关键知识点及操作技巧进行查漏补缺；"拓展练习"依托相关的实例拓展提高。内容由浅入深，由基础知识到实际应用，并提供常见问题的解决技巧，帮助读者达到学以致用的目的，提高职场竞争力。

本书内容简明扼要，结构清晰；实例丰富，强调实践；图文并茂，直观明了；目标明确，重点突出；循序渐进，技巧为先。适用于初步掌握 Office 某些操作，但希望进一步提高 Office

办公应用能力的中高级用户，在工作中需要使用计算机进行办公的各类从业人员。

本书由广州番禺职业技术学院和茂名职业技术学院的一支教学经验丰富、年轻且具有活力的教学团队编写，由谢海燕、吴红梅、陈永梅老师担任主编，由谭彩明、何晓园、陈永芳老师担任副主编，由周洁文担任主审。具体分工如下：谢海燕老师负责确定总体方案，统稿以及第 11、14 章和前言部分的编写；吴红梅老师负责编写第 8、9、10 章；谭彩明老师负责编写第 4、6、7 章；何晓园老师负责编写第 12、13 章；陈永芳老师负责编写第 2、5 章；陈永梅老师负责编写第 1、3 章；周洁文主任负责最后的审稿定稿工作。参与本书编写的老师还有张劲勇、冼浪、陈桥君、韩倩、吕晓梅、黄焕君、张慧、梁凤燕等。

为了配合教学，编者提供了书中相关的实例和拓展练习题的素材，以及教师授课所用的电子课件，读者可通过中国水利水电出版社网站 http://www.waterpub.com.cn/softdown 或万水书苑网站 http://www.wsbookshow.com 进行免费下载。

由于编者水平有限，加之编写时间仓促，书中不足之处在所难免，敬请广大读者朋友批评指正。我们的联系方式为：Xhy0773@163.com。

编　者
2019 年 1 月

第一版前言

进入 21 世纪，科学技术突飞猛进，特别是信息技术和网络技术的迅速发展和广泛应用，对政治、经济、军事、科技和文化等领域产生越来越深刻的影响。在全球信息化发展的今天，许多单位对工作人员的办公处理能力提出越来越高的要求，学习办公自动化知识，适应信息化发展的需要，已经成为各类专业学生的共识。培养一大批信息处理人才，不仅是经济和社会发展的需要，也是计算机和信息技术教育者的历史责任。

办公自动化（Office Automation，OA）是建立在办公室工作基础上的计算机技术应用和推广的一门科学，是现代企业发展必不可少的一种新型的办公方式。Office 软件是目前使用最广泛、最流行的办公自动化软件之一，它以界面简洁明了、功能丰富而强大赢得广泛的用户。Office 2010 是 Microsoft 继 Office 2007 后最新推出的新一代功能强大的办公处理软件，与 Office 2007 相比，其功能更加强大、操作更加方便、使用更加安全和稳定。本书详细介绍 Word 2010、Excel 2010 和 PowerPoint 2010 等常用组件的使用方法，其卓越的文本处理功能、数据分析系统以及超强的动感文稿制作超越了以往各个版本，使用户获得空前便捷的办公体验。

为帮助广大用户快速掌握 Office 常用组件在办公领域的运用技巧、提高办公操作技能，编者根据多年的实践和教学经验，从办公人员的实际需求出发，以通俗易懂的语言，精心挑选 18 个常用的办公实例，编写了这本《Office 2010 办公自动化高级应用实例教程》，围绕 Office 2010 中最常用的三大组件（Word、Excel 和 PowerPoint）在办公领域的应用，针对办公用户的需要对这三大组件的应用技术进行了重点讲解。全书分为三个部分，共 14 章，包括 Word 软件应用、Excel 软件应用以及 PowerPoint 软件应用三大部分，其中 Word 软件应用涵盖了第 1～7 章，主要介绍公文制作、批量证书制作、个人名片制作、办事流程图制作、宣传小报制作、论文编辑排版、常用办公表格制作等知识；Excel 软件应用涵盖了第 8～11 章，主要介绍职工信息表制作、销售记录表数据分析、员工工资表数据统计管理、成绩统计表制作等知识；PowerPoint 软件应用涵盖了第 12～14 章，主要介绍会议演示文稿制作、公司宣传演示文稿制作、相册演示文稿制作等知识。

本书最大的特点就是全部采用丰富的实例进行讲解，将知识点融入实例之中，让学生在循序渐进中掌握相关技能。本书所有实例均是办公人员日常工作中密切相关的常用案例，都是经过作者反复推敲和研究后制作的，实例涉及的技能由浅入深，知识以够用为度，注重实践，重点培养技能的渐进性和读者的综合应用能力，进一步提高读者的办公操作技能。每一章均采用"学习目标"－"实例简介"－"实例制作"－"实例小结"－"拓展练习"的结构进行安排，"学习目标"介绍学习本章的主要目标；"实例简介"简要介绍实例的使用情况和涉及的知识点；"实例制作"剖析了实例的具体解决过程和方法；"实例小结"对实例的关键知识点及操作技巧进行查漏补缺；"拓展练习"依托相关的实例拓展提高。内容由浅入深，由基础知识到实际应用，并提供常见问题的解决技巧，帮助读者达到学以致用的目的，提高职场竞争力。

本书内容简明扼要，结构清晰；实例丰富，强调实践；图文并茂，直观明了；目标明确，重点突出；循序渐进，技巧为先。适用于初步掌握 Office 某些操作，但希望进一步提高 Office

办公应用能力的中高级用户，在工作中需要使用计算机进行办公的各类从业人员。

本书由茂名职业技术学院计算机工程系一支教学经验丰富、年轻且具有活力的教学团队编写，由谢海燕、吴红梅老师担任主编，由谭彩明、何晓园、陈永芳、陈永梅老师担任副主编，由周洁文主任担任主审。具体分工如下：谢海燕老师负责确定总体方案，统稿以及第 11、14 章和前言部分的编写；吴红梅老师负责编写第 8、9、10 章；谭彩明老师负责编写第 4、6、7 章；何晓园老师负责编写第 12、13 章；陈永芳老师负责编写第 2、5 章；陈永梅老师负责编写第 1、3 章；周洁文主任负责最后的审稿定稿工作。参与本书编写的老师还有周春、沈大旺、张劲勇、张慧、梁燕、廖欣南等。

为了配合教学，编者提供了书中相关的实例和拓展练习题的素材，以及教师授课所用的电子课件，需要者可通过中国水利水电出版社网站 http://www.waterpub.com.cn/softdown/或万水书苑网站 http://www.wsbookshow.com 进行免费下载。

由于编者水平有限，错误与不足之处在所难免，敬请广大读者朋友批评指正。我们的联系方式为：Xhy0773@163.com。

编　者
2013 年 4 月

目　　录

第 1 部分　Word 软件应用

第2部分 Excel 软件应用

第 3 部分 PowerPoint 软件应用

第 1 部分　　Word 软件应用

第 1 章　公文制作

学习目标

● 掌握文档的创建和保存
● 熟练掌握 Word 文档的基本编辑和格式化
● 掌握文档的页面设置
● 掌握水平直线的绘制方法
● 掌握公文文件头的制作方法

1.1　实例简介

因工作需要，小李需要完成一份由教育局和公安消防支队联合发布的《关于开展消防安全教育专项行动的通知》公文。如何制作这种公文呢？下面，先来了解一下公文的一般格式及相关规定，然后再完成这份联合公文的制作。公文样式如图 1-1 所示。

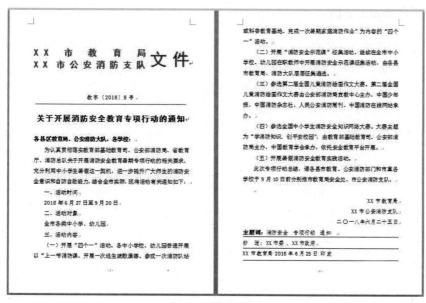

图 1-1　公文样式

公文，全称公务文书，是指行政机关、社会团体、企事业单位在行政管理活动或处理公务活动中产生的，按照严格的、法定的生效程序和规范的格式制定的具有传递信息和记录事务作用的载体。作为一种特定格式的文体，公文在国家政治生活、经济建设和社会管理活动中起着十分重要的作用。公文中一般包括文件版头、公文编号、机密等级、紧急程度、标题、正文、附件、发文机关、发文时间、主题词、阅读范围、主送机关、抄送单位等，但不是每一份公文都全部包含这些内容。

1.2 实例制作

图 1-1 所示内容是一份由某市教育局和公安消防支队联合签署的《关于开展消防安全教育专项行动的通知》公文。要制作出如图 1-1 所示的公文，主要按以下步骤完成。

（1）输入公文内容，并利用字符格式化和段落格式化功能对公文内容进行排版。

（2）利用双行合一功能制作文件头。

（3）制作水平直线。

（4）插入页码及设置页面。

Word 2010 是 Microsoft 公司开发的 Office 2010 办公组件之一，主要用于文字处理工作。Word 的最初版本是由 Richard Brodie 为了运行 DOS 的 IBM 计算机而在 1983 年编写的。随后的版本可运行于 Apple Macintosh（1984 年）、SCO UNIX 和 Microsoft Windows（1989 年），并成为 Microsoft Office 的一部分。目前使用比较广泛的版本是 Word 2010 和 Word 2013，为使所用软件与全国计算机等级考试要求相匹配，本书将介绍 Word 2010。

Word 2010 增强后的功能可创建专业水准的文档，旨在为用户提供方便、高效的文档格式设置工具，利用它可以更轻松、高效地组织和编写文档。下面介绍利用 Word 2010 创建文档的方法。

1.2.1 新建 Word 文档

新建 Word 文档"公文制作.docx"，并将其保存在 D 盘中的个人文件夹下，操作步骤如下：

（1）启动 Word 2010 程序。

（2）单击工具栏上的【保存】按钮 ，打开【另存为】对话框。

（3）在【文件名】文本框中输入文件名"公文制作"。

（4）在【保存位置】下拉列表框中，选择目的驱动器 D，双击目标文件夹"01 张三"，如图 1-2 所示。

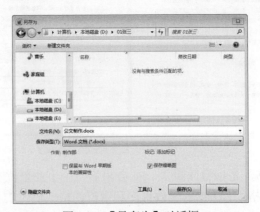

图 1-2 【另存为】对话框

（5）单击【保存】按钮。

1.2.2　文字录入

新建的 Word 文档，其插入点在工作区的左上角闪烁，表明可以在文档窗口中此处位置输入文本，选择自己熟悉的中文输入法，就可以直接输入如图 1-3 所示的文本内容。

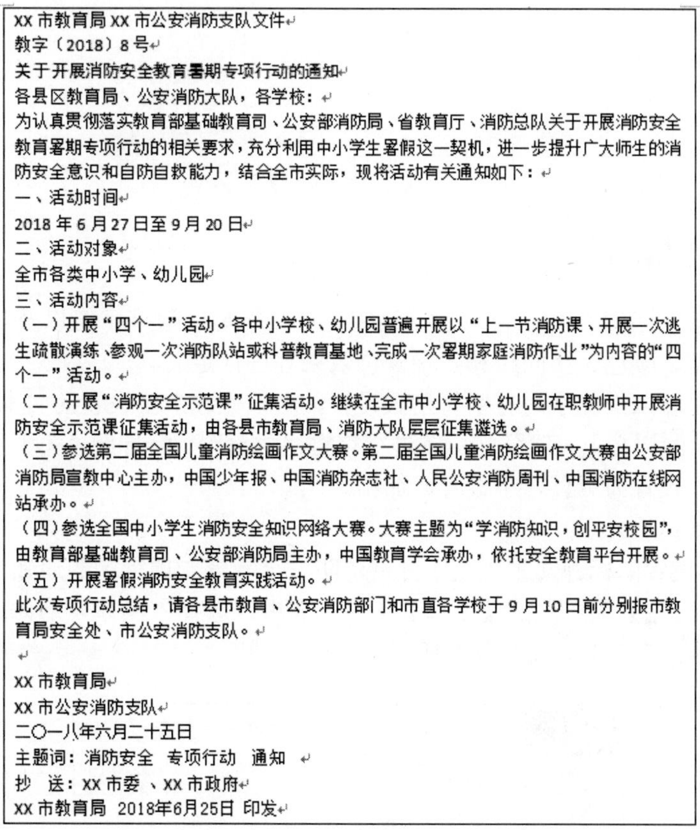

XX 市教育局 XX 市公安消防支队文件
教字〔2018〕8 号
关于开展消防安全教育暑期专项行动的通知
各县区教育局、公安消防大队，各学校：
为认真贯彻落实教育部基础教育司、公安部消防局、省教育厅、消防总队关于开展消防安全教育暑期专项行动的相关要求，充分利用中小学生暑假这一契机，进一步提升广大师生的消防安全意识和自防自救能力，结合全市实际，现将活动有关通知如下：
一、活动时间
2018 年 6 月 27 日至 9 月 20 日
二、活动对象
全市各类中小学、幼儿园
三、活动内容
（一）开展"四个一"活动。各中小学校、幼儿园普遍开展以"上一节消防课、开展一次逃生疏散演练、参观一次消防队站或科普教育基地、完成一次暑期家庭消防作业"为内容的"四个一"活动。
（二）开展"消防安全示范课"征集活动。继续在全市中小学校、幼儿园在职教师中开展消防安全示范课征集活动，由各县市教育局、消防大队层层征集遴选。
（三）参选第二届全国儿童消防绘画作文大赛。第二届全国儿童消防绘画作文大赛由公安部消防局宣教中心主办，中国少年报、中国消防杂志社、人民公安消防周刊、中国消防在线网站承办。
（四）参选全国中小学生消防安全知识网络大赛。大赛主题为"学消防知识，创平安校园"，由教育部基础教育司、公安部消防局主办，中国教育学会承办，依托安全教育平台开展。
（五）开展暑假消防安全教育实践活动。
此次专项行动总结，请各县市教育、公安消防部门和市直各学校于 9 月 10 日前分别报市教育局安全处、市公安消防支队。

XX 市教育局
XX 市公安消防支队
二〇一八年六月二十五日
主题词：消防安全　专项行动　通知
抄　送：XX 市委、XX 市政府
XX 市教育局　2018年6月25日 印发

图 1-3　文本内容

输入如图 1-3 所示的文本内容的操作步骤如下：

（1）启动中文输入法。

（2）顶格输入文字"**XX 市教育局 XX 市公安消防支队文件**"，按【回车】键结束当前段落。

（3）输入其他内容。按【回车】键输入新的一段内容。

（4）完成正文内容输入后，按【回车】键，输入发文单位名称。

（5）按【回车】键后，切换到【插入】菜单，单击【文本】功能组中的【日期和时间】按钮，打开【日期和时间】对话框，如图 1-4 所示。在【可用格式】列表中选择所需的日期格式，单击【确定】按钮。在发文单位名称下一行插入成文日期。成文日期一般用汉字将年月日标全，零写成全角的〇。（注：此方法插入的是当前系统时间）

（6）将光标定位到最后一行印发机关与"印发"两字间，在此位置插入印发日期 2018 年 6 月 25 日，如图 1-4 所示。印发日期用阿拉伯数字标识。

（7）继续完成其他所有内容的输入。

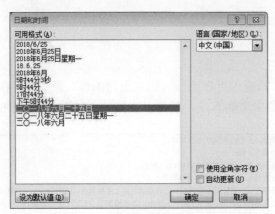

图 1-4　【日期和时间】对话框

1.2.3　字符格式设置

字符格式设置是指对各种字符（包括汉字、英文字母、数字字符以及其他特殊符号）的大小、字体、字型、颜色、字间距和各种修饰效果等进行定义。

如果要对已经输入的文字进行字符格式设置，必须先选中要设置的文本。

在图 1-3 所示的样文中，对公文标题进行字符格式设置，将标题"关于开展消防安全教育专项行动的通知"设置为黑体、小二号、加粗。

操作步骤如下：

（1）选中要设置的标题文本"关于开展消防安全教育专项行动的通知"。

（2）单击【开始】菜单中的【字体】下拉列表框，选择"黑体"字体，在【字号】下拉列表框中选择"小二"字号，如图 1-5 所示。

图 1-5　标题字符设置

（3）单击【开始】菜单中的【字体】功能组中的【加粗】按钮 **B** 。

在图 1-3 所示的样文中，对公文正文进行字符格式化，将正文设置为仿宋体、三号。其中，"各县区教育局、公安消防大队，各学校："加粗显示。

操作步骤如下：

（1）选中从"各县区教育局、公安消防大队，各学校："直到正文文档结束处"……请各县市教育、公安消防部门和市直各学校于 9 月 10 日前分别报市教育局安全处、市公安消防支队。"内容。

（2）在【开始】菜单中的【字体】功能组中单击【字体】下拉列表框，选择"仿宋"；单击【字号】下拉列表框，选择"三号"。

（3）选中"各县区教育局、公安消防大队，各学校："文本，单击【开始】菜单中的【字体】功能组中的【加粗】按钮即可。

用同样的方法，将公文的发文机关、发文日期、抄送机关、发文单位及印发日期设置为仿宋、三号；将"主题词："设置为宋体、三号、加粗。

1.2.4 段落格式设置

在 Word 中，以段落为排版的基本单位，每个段落都可以有自己的格式设置。在编辑文档时，按下 Enter 键表明前一段落的结束，后一段落的开始。每个段落都有一个段落标记符"↵"，它包含了这个段落的所有格式设置。如果删除了段落标记符，那么下一段的格式信息也就丢失了。下一段的段落格式将与当前段的段落格式相同。

对段落进行格式化操作之前，必须先选中该段落。要选中某一段落，将插入点定位到该段落中的任意位置即可。要选中两个以上段落，应选中这些段落文本及段落标记符。

Word 提供了灵活方便的段落格式设置方法。段落格式化包括：段落对齐、段落缩进、段落间距及行间距设置等。

在图 1-3 所示的样文中，将标题"关于开展消防安全教育专项行动的通知"设置为居中对齐，段前 1 行，段后 1 行；将公文正文第 2 段"为认真贯彻落实教育部基础教育司、……"到正文第 13 段"……分别报市教育局安全处、市公安消防支队。"设置为两端对齐、首行缩进 2 个字符、单倍行距。操作步骤如下：

（1）将插入点置于标题段落中，选中标题段落。

（2）单击【开始】菜单中的【段落】功能组中的【居中对齐】按钮▤。

（3）单击【开始】菜单中的【段落】功能组右下角的符号▫，弹出【段落】对话框，如图 1-6 所示。

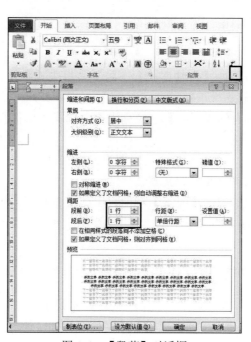

图 1-6 【段落】对话框

（4）在【段落】对话框中选择【缩进和间距】选项卡，在【间距】区域内，将【段前】值设置为 1 行，将【段后】值设置为 1 行，单击【确定】按钮。

（5）选中正文段落第 2～13 段。

（6）打开【段落】对话框，在【常规】区域内，从【对齐方式】下拉列表框中选择【两端对齐】，如图 1-7 所示。

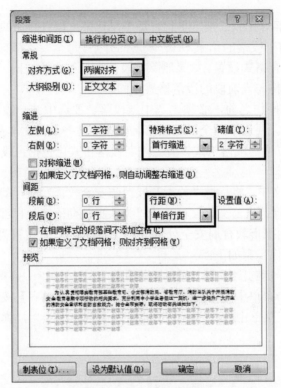

图 1-7　【段落】对话框

（7）在【缩进】区域中的【特殊格式】下拉列表框中选择【首行缩进】，在【磅值】数值框中显示"2 字符"（默认）。

（8）在【间距】区域内的【行距】下拉列表框中选择"单倍行距"（默认）。

（9）单击【确定】按钮。

在图 1-3 所示的样文中，将落款单位及日期设置为右对齐。操作步骤如下：

（1）选中公文的落款单位及日期文本。

（2）单击【开始】菜单中的【段落】功能组中的【右对齐】按钮 。

应用以上所介绍的方法，将公文中的"教字〔2018〕8 号"文本设置为仿宋、三号、居中对齐、段前 1 行、段后 1 行。

1.2.5　利用双行合一功能制作文件头

文件头由发文机关名称和"文件"二字组成。如果是由两个机关联合发文，一般应将两个机关名称合并在一行内显示，置于"文件"二字前面。可以使用"双行合一"的功能来达到这种要求。

操作步骤如下：

（1）选定发文机关名称"XX 市教育局 XX 市公安消防支队"。

（2）在【开始】菜单中单击【中文版式】按钮 $\mathbf{X}^\mathtt{v}$，如图 1-8 所示，从下拉列表框中选择【双行合一】命令。

图 1-8　【中文版式】按钮

（3）在弹出的【双行合一】对话框中的【文字】列表框中可以看到要进行双行合一的文字和预览效果，如图 1-9 所示。为了使两个单位名称各占一行对齐显示，可以在【文字】列表框中对要处理的文字进行编辑。把光标定位到"XX 市教育局"字与字之间，适当添加空格（注：在操作过程中，可以一边按空格键，一边查看预览，直到满意为止），效果如图 1-10 所示。

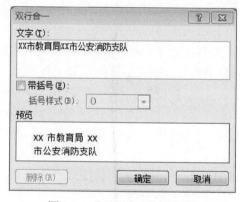

图 1-9　【双行合一】对话框

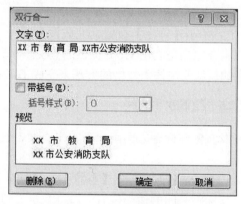

图 1-10　文字调整效果

（4）单击【确定】按钮。

（5）选中文件头内容（包括发文机关名称及"文件"二字），将其设置为黑体、50 号、红色、加粗，如图 1-11 所示。

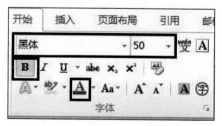

图 1-11　字符设置

（6）设置字段格式为分散对齐、段前和段后间距 2 行、固定行距 70 磅，如图 1-12 所示。

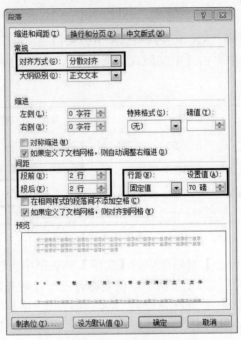

图 1-12　段落设置

（7）单击【确定】按钮，完成设置。

以上介绍的是利用 Word 提供的【双行合一】命令来制作文件头的方法。如果发文机关是两个以上的，就要用插入表格的方法来完成了。有关表格的内容将会在后面的章节中介绍。

1.2.6　绘制水平直线

在发文号与标题之间画一条水平直线，要求线条颜色为红色，线型宽度为 2 磅。操作步骤如下：

（1）单击【插入】→【形状】→【线条】→【直线】，这时光标形状变成"十"字，在发文号与标题之间的适当位置，按住鼠标左键拖动即可画出一条直线。

（2）若要绘制水平直线，则在按住 Shift 键的同时再按住鼠标左键，水平拖拽鼠标即可。当直线被选中时，处于可编辑状态。

（3）单击【绘图工具/格式】菜单中的【形状样式】功能组右下角的按钮 ，如图 1-13 所示，在弹出的【设置形状格式】对话框中单击【线条颜色】将线条颜色设置为红色，如图 1-14 所示；单击【线型】将线型宽度设置为 2 磅，如图 1-15 所示。

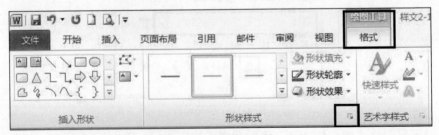

图 1-13　绘图工具栏

图 1-14　设置线条颜色

图 1-15　设置线型

（4）单击对话框的【关闭】按钮。

采用上述方法，分别在文档最后的"主题词""抄送"和"XX 市教育局"行下面画黑色 1.25 磅水平直线、黑色 0.75 磅水平直线和黑色 1 磅水平直线。

1.2.7　插入页码

在公文中插入页码，要求页码位于页面底端，普通数字 2 显示，页码格式：-1-、-2-、-3-、…，起始页码为 1。操作如下：

（1）单击【插入】菜单中的【页眉和页脚】功能组的【页码】，从其下拉列表框中选择【页面底端】中的【普通数字 2】选项，即可插入页码，同时显示并进入【页眉和页脚工具】菜单中的【设计】选项中，如图 1-16 所示。

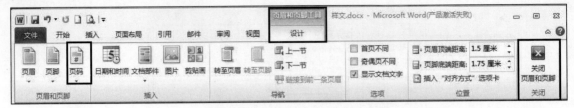

图 1-16　页眉和页脚工具设计

（2）单击【页眉和页脚工具】菜单中的【页眉和页脚】功能组中的【页码】按钮，从其下拉列表框中选择【设置页码格式】，在弹出的对话框中进行如图 1-17 所示的设置，单击【确定】按钮。

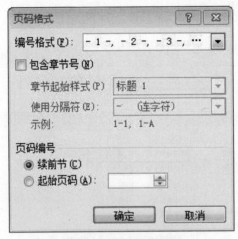

图 1-17　页码格式设置

（3）单击【页眉和页脚工具】功能组中的【关闭】按钮，完成插入页码操作。

1.2.8　页面设置

由于公文格式的特殊性，对纸型、页边距、文档网格等均有明确的规定，因此对公文的页面设置也带有一定的特殊性。页面设置要求：纸张采用 A4，纵向，上、下、左、右页边距均为 2.5 厘米，每页 23 行。

下面对"公文制作.docx"文档进行页面设置，操作步骤如下：

（1）单击【页面布局】菜单中的【页面设置】功能组中的【纸张大小】按钮，从其下拉列表框中选择 A4 选项。

（2）单击【页面布局】菜单中的【页面设置】功能组中的【纸张方向】按钮，从其下拉列表框中选择【纵向】选项。

（3）单击【页面布局】菜单中的【页面设置】功能组中的【页边距】按钮，从其下拉列表框中选择【自定义边距】选项，将弹出【页面设置】对话框。

（4）在【页面设置】对话框中单击【页边距】选项卡，按要求设置上、下、左、右页边距值均为 2.5 厘米，如图 1-18 所示。

（5）在【文档网格】选项卡中，将【行数】区域每页值设置为 23，如图 1-19 所示。

（6）单击【确定】按钮。

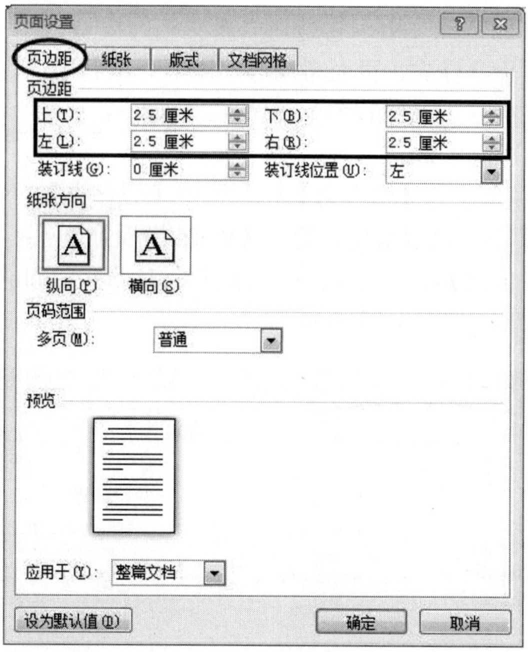

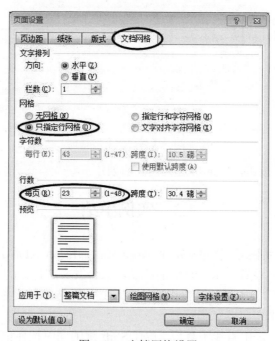

图 1-18　页边距设置

图 1-19　文档网格设置

1.2.9　保存为 Word 模板

　　文秘人员经常制作公文，而公文具有特定的格式。若每一次制作公文都重复进行格式设置，则会非常费时费力而且可能导致格式不一致。为了解决以上问题，可以使用自定义的公文模板。

　　模板是建立特定格式的特殊文档，它是建立新文档的模型。模板决定所建文档的基本结构和格式，包括文本、图片、样式、页面布局等。以下介绍利用已有的文档创建自定义模板。

　　将前面制作好的公文另存为 Word 模板。操作步骤如下：

（1）打开文档"公文制作.docx"。

（2）选择【文件】菜单中的【另存为】命令弹出【另存为】对话框。

（3）在【保存类型】下拉列表框中，选择【Word 模板】选项；在【文件名】文本框中输入"公文模板"；在【保存位置】下拉列表框中，选择 C:\Users\Administrator\AppData\Roaming\Microsoft\ Templates 文件夹，如图 1-20 所示。

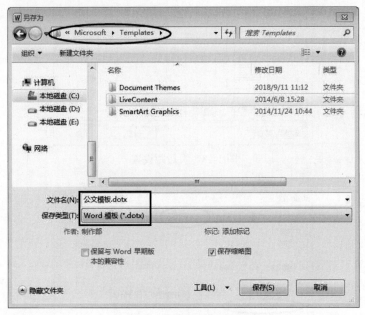

图 1-20　【另存为】对话框

（4）单击【保存】按钮，完成自定义模板的创建。

1.3　实例小结

　　本章以公文的制作为主线，贯穿讲解了 Word 文档的排版，包括字符格式和段落格式的设置，页码的插入，页面的设置，水平直线的绘制，联合发文文件头的制作等。

　　如果要对已经输入的文本进行字符格式设置，必须先选中要设置的文本；如果要对段落进行格式设置，必须先选中段落。

　　绘制水平直线时，在选中直线工具后，按住 Shift 键的同时按住鼠标左键，水平拖动鼠标，才能达到理想的效果。

　　在公文中，公文事项涉及数个部门，由这些部门联合签署的公文称为联合发文。联合发文有一个牵头部门，文号使用该部门的文号。在发文部门中，把牵头部门放在第一位，其余顺序排列。比如，教育局和公安消防支队联合发布的《关于开展消防安全教育专项行动的通知》就是两个部门的联合发文。在处理两个部门联合发文的文件头时，应用 Word 提供的"双行合一"功能进行制作。

总之，公文版面的设计具有一定的规范性和技巧性，读者在学习版面设计时，应多观察实际生活中各种文件的版面风格，结合实际要求，设计出具有实用性的文档。

1.4 拓展练习

XX县卫生局和教育局联合发布《关于举办全县托幼机构保育员培训班的通知》的公文如图1-21所示，请根据提供的公文样图制作公文文档。

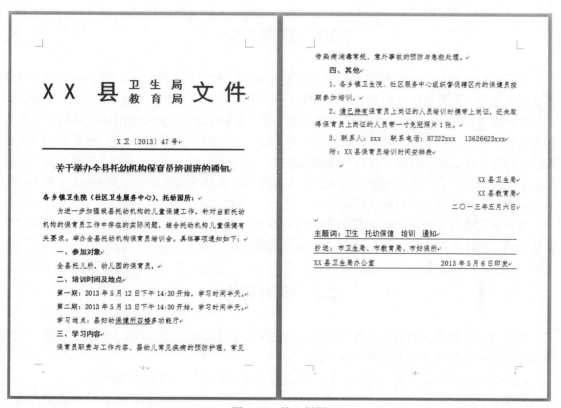

图1-21 练习样图

第 2 章　批量证书制作

学习目标

- 理解邮件合并的思想
- 掌握利用邮件合并功能批量制作证书、通知函等文档的方法

2.1　实例简介

很多单位、部门经常需要给不同的人颁发相同形式的证书和通知函，如毕业证书、等级考试通过证书、欠费催款通知书等。同一种证书上面的内容除了个人信息（如姓名、成绩、编号）等少数项目以外，其他内容和格式都完全一样。要制作这样大批量的证书，传统的制作方法有两种：一是打印出来，然后手工填写个人信息；二是使用复制粘贴方法，然后分别录入个人信息部分，最后统一打印。这些做法都很烦琐，且容易出错。Word 中的"邮件合并"功能为批量制作文档提供了完美的解决方案，它可以将多种类型的数据源整合到 Word 文档中，用最省时省力的方法创建出目标文档。

本章通过批量制作证书和批量制作催缴物业管理费通知书两个实例来介绍"邮件合并"操作方法，两个实例分别利用两种方法完成"邮件合并"操作。

2.2　实例制作

邮件合并是将文件和数据库进行合并，快速批量生成 Word 文档，用于解决批量分发文件或邮寄相似内容信件时的大量重复性问题。

邮件合并在两个电子文档之间进行，一个叫"主文档"，一个叫"数据源"。

例如，制作批量证书，证书的形式相同，只是其中有些内容不同。在邮件合并中，只要制作一份作为证书的主文档，它包括证书上共有的信息；再制作一份是包含若干领证人员信息的数据源；然后在主文档中加入称为"合并域"的特殊指令及变化的信息，通过邮件合并功能，便可以生成若干份证书。

邮件合并中的数据源可以来自 Word 表格、Excel 工作簿、Outlook 联系人列表或者利用 Access 创建的数据表。

2.2.1　批量证书制作

本实例的完成效果图如图 2-1 所示。

1. 创建证书主文档

首先在 Word 中制作一份如图 2-2 所示的没有具体数据的证书模板，完成后保存在 D 盘"邮件合并"文件夹中。

图 2-1　批量制作证书的效果图

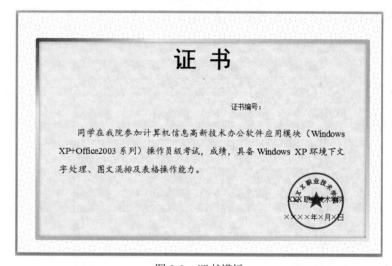

图 2-2　证书模板

证书的制作方法及步骤：

（1）启动 Word 2010，创建一个空白文档。

（2）选择【页面布局】菜单，在【页面设置】功能组中单击【页面设置对话框】按钮，打开【页面设置】对话框，如图 2-3 所示。在【页面设置】对话框中进行如下设置：

1）选择【页边距】选项卡设置页边距：上下边距为 1 厘米，左右边距为 1 厘米，纸张方向选择横向，如图 2-3 所示。

2）选择【纸张】选项卡，设置【纸张大小】为"自定义大小"，【宽度】为 20 厘米，【高度】为 13 厘米，如图 2-4 所示。单击【确定】按钮。

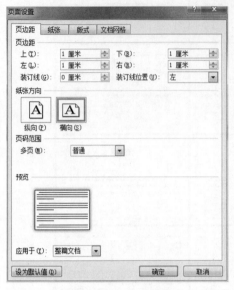
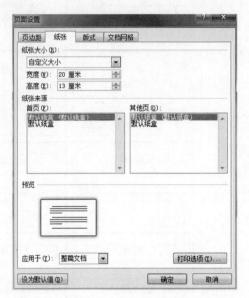

图 2-3　【页边距】设置　　　　　　图 2-4　【纸张】设置

（3）在【页面背景】功能选项组中单击【页面颜色】按钮，在打开的【主题颜色】列表框中选择【填充效果】命令，打开【填充效果】对话框。在【图案】列表中单击【草皮】选项（第 1 行第 7 列），【前景】色选择淡橙色，【背景】色选择白色，如图 2-5 所示。单击【确定】按钮。

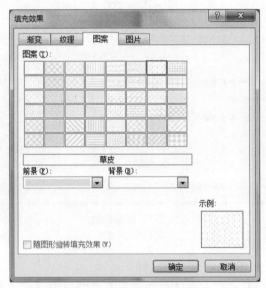

图 2-5　设置页面背景颜色

（4）在页面中插入一个大小为 18.2 厘米×10.8 厘米的文本框（文本框的绘制参见 3.2.2）。

（5）选中文本框右击，从弹出的快捷菜单中选择【设置形状格式】命令，设置文本框的填充为【图片或纹理填充】中的"羊皮纸"效果,【线条颜色】设置为"渐变线"类型,【预设颜色】选择"麦浪滚滚"效果,方向为45度,颜色为红色,如图2-6所示。线型设置如图2-7所示。设置完成后的效果图如图2-8所示。

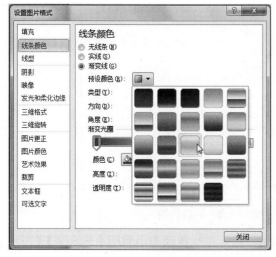

图2-6 设置文本框的线条颜色

图2-7 设置文本框的线型

图2-8 文本框设置完成后的效果图

(6)在文本框的第一行输入"证书"两字,设置字体格式为黑体、小初、加粗,居中对齐。

(7)在文本框中插入绘图画布。选择【插入】菜单项,在【插图】功能菜单组中单击【形状】按钮,在打开的形状下拉列表框中选择【新建绘图画布】命令,绘图画布将根据文本框大小自动被插入到文本框中。

(8)调整绘图画布的大小为16.8厘米×8厘米,并调整绘图画布在文本框中的位置,如图2-9所示。

(9)在绘图画布中插入一个大小为16.5厘米×7.3厘米的横排文本框。

图 2-9　在文本框中插入"绘图画布"的效果图

（10）在文本框中输入证书模板上的其他内容，然后在绘图画布中利用【艺术字】【形状】等工具制作学校印章，完成后的效果图如图 2-10 所示。

图 2-10　证书模板的效果图

（11）单击【文件】菜单中的【保存】按钮，以"证书模板.docx"为文件名，将制作的文件保存在 D 盘"邮件合并"文件夹中。

2．准备数据源

数据源可以在邮件合并分步向导的第 3 步【选取收件人】中通过键入新列表的方法来创建；也可以事先创建。比较常用的方法是事先准备好数据源，特别是当数据源比较多时尤显重要。可以预先用 Word 表格、Excel 工作簿或者 Access 数据库来创建"数据源"。本例中利用 Excel 工作簿预先创建"证书名单信息.xlsx"作为数据源。该文件保存在【邮件合并】文件夹中。"证书名单信息.xlsx"工作簿中的数据如图 2-11 所示。

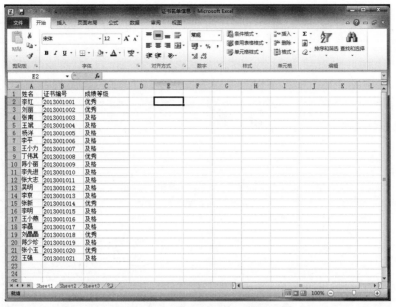

图 2-11 "数据源"数据

3. 利用邮件合并分步向导方法生成批量证书

首先打开前面创建的"证书模板.docx"文档,选择【邮件】菜单,在【开始邮件合并】功能选项菜单组中单击【开始邮件合并】按钮,并从打开的下拉菜单中选择【邮件合并分步向导】命令,如图 2-12 所示。在打开的【邮件合并】任务窗格中按其提示的 6 个步骤便可完成"邮件合并"操作。

图 2-12 选择【邮件合并分步向导】命令

(1)在【邮件合并】任务窗格的【选择文档类型】向导页选中【信函】单选按钮,并单击【下一步:正在启动文档】超链接,如图 2-13 所示。

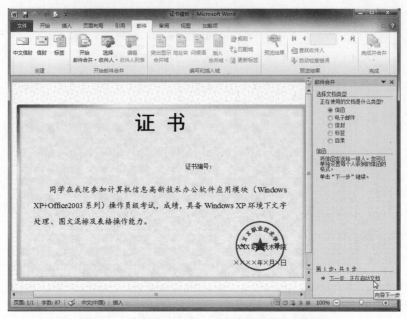

图 2-13　单击【下一步：正在启动文档】超链接

　　（2）在打开的【选择开始文档】向导页中，选中【使用当前文档】单选按钮，并单击【下一步：选取收件人】超链接，如图 2-14 所示。

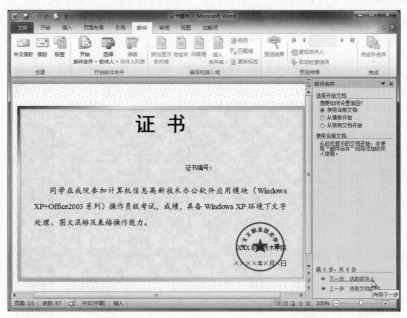

图 2-14　单击【下一步：选取收件人】超链接

　　（3）打开【选择收件人】向导页，单击其中的【浏览】按钮，在弹出的【选择数据源】对话框中找到并打开数据源"证书名单信息.xlsx"工作簿，在【选择表格】对话框中选择证书名单信息所在工作表 Sheet1，单击【确定】按钮，此时将在后台打开数据源，并在使用现有列表的下面显示出数据源的名称，如图 2-15 所示。

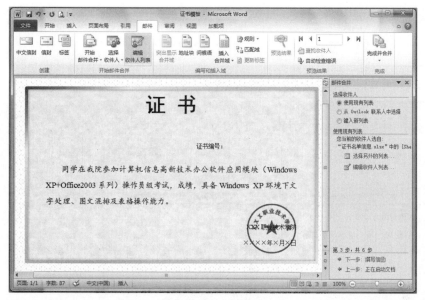

图 2-15 引入数据源

说明： 如果之前没有事先准备好数据源，也可以在第 3 步中通过"键入新列表"来创建数据源。

（4）单击【下一步：撰写信函】超链接，打开【撰写信函】向导页，如图 2-16 所示。将插入点定位到主文档中需要插入合并域的位置，然后根据需要单击【地址块】【问候语】等超链接。本实例单击【其他项目】按钮，弹出【插入合并域】对话框，如图 2-17 所示，在主文档相应位置插入合并域中的"域名"，结果如图 2-18 所示。

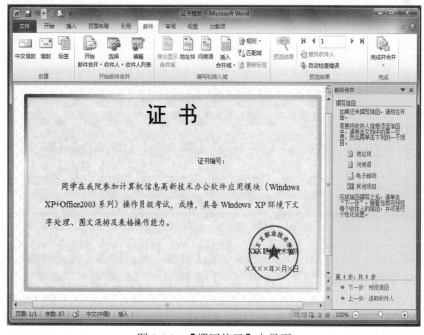

图 2-16 【撰写信函】向导页

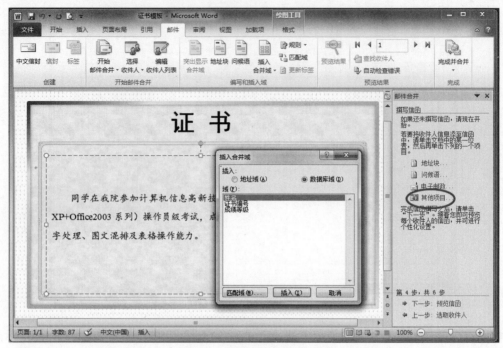

图 2-17　【插入合并域】对话框

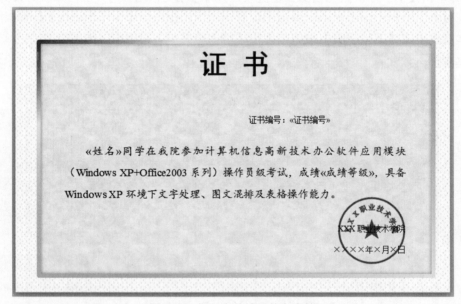

图 2-18　插入合并域后的主文档

（5）在图 2-17 中单击【下一步：预览信函】按钮，在打开的【预览信函】向导页中可以查看信函内容，如图 2-19 所示。单击【上一个】或【下一个】按钮可以预览其他联系人的信函。

（6）确认没有错误后单击【下一步：完成合并】超链接，如图 2-20 所示。在打开的【完成合并】向导页中，用户既可以单击【打印】超链接开始打印信函，也可以单击【编辑单个信函】超链接打开【合并到新文档】对话框，选择要合并的记录，如图 2-21 所示。

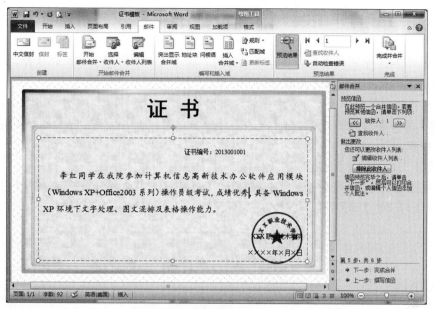

图 2-19　预览信函

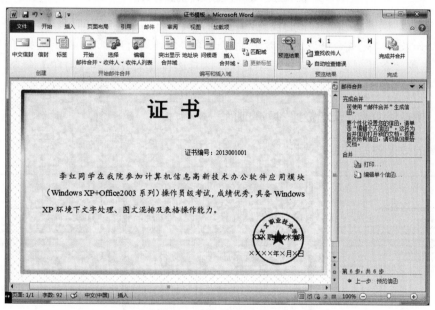

图 2-20　【完成合并】向导页

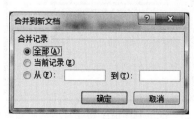

图 2-21　【合并到新文档】对话框

本实例选择【全部】单选按钮，所有的记录都将合并到新文档中，如图 2-21 所示。

说明：

（1）从图 2-21 中可以看到，在合并数据时，除了可以合并"全部"记录外，还可以只合并"当前记录"，或只合并指定范围的部分记录。

（2）本实例利用邮件合并分步向导的方法批量制作证书。另外，邮件合并操作也可以通过单击【邮件】菜单各功能组中的按钮来完成，详见批量制作催缴物业管理费通知实例制作过程。

4．打印证书

可以将证书直接输出到打印机打印出来，具体操作步骤如下：

（1）在图 2-19 中单击【完成合并】按钮，在【完成合并】任务窗格中单击【打印】按钮，打开【合并到打印机】对话框，如图 2-22 所示。

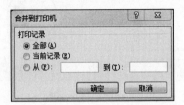

图 2-22 【合并到打印机】对话框

（2）在对话框中进行所需要的设置，完成后单击【确定】按钮即可。

说明：如果在"完成合并"这一步中没有选择"合并到打印机"，而是选择了"合并到文档"，则在完成"合并到文档"后先另存文档，然后选择【文件】→【打印】命令，也可以打印证书。

2.2.2 批量催缴物业管理费通知书的制作

本实例的效果图如图 2-23 所示。

图 2-23 批量制作催缴物业管理费通知效果图

1. 制作催缴物业管理费通知书主文档

首先制作好如图 2-24 所示的物业管理费催款通知书主文档，并以"催缴物业管理费通知.docx"为文件名保存在 D 盘"邮件合并"文件夹中。

催缴物业管理费通知

尊敬的梯房业户：

　　2018 年度下半年物业费收缴工作已临近尾声，经管理处统计，您户 2018 年下半年的物业费共计人民币元仍未缴付。上述欠款已超过缴纳期限，为了维护小区全体业主共同利益及保证小区物业管理工作正常进行，请您于 2018 年 12 月 25 日前，到物业管理服务中心缴清所欠物业费。否则我司将停止相关物业服务，并从当月首日起计收钱款总额每日 0.3%的滞纳金。

　　联系人：张三　电话：13828511xxx

xxx 物业管理公司
2018 年 12 月 10 日

图 2-24　物业管理费催款通知书主文档

2. 保存文件

创建好如图 2-25 所示的数据源，并以"物业管理费欠费信息.xlsx"为文件名保存在 D 盘"邮件合并"文件夹中。

A	B	C	D
梯号	房号	业主姓名	欠费金额（元）
3	602	陈一明	840
4	1501	张三	1100
4	402	刘明	820
6	301	陈光	800
9	802	李四	920

图 2-25　"物业管理费欠费信息"数据源

3. 利用邮件合并功能生成批量催缴物业管理费通知

本实例利用【邮件】菜单中的各功能按钮完成邮件合并操作。操作上比"批量证书制作"实例使用的"邮件合并分步向导"方法更简洁些。另外本实例会讲解合并时如何在一页纸内放置两份催缴物业管理费通知的操作方法，这也是本例与上一个实例不同的地方。操作过程如下：

（1）打开或新建主文档。打开事先创建好的"催缴物业管理费通知.docx"文档，选择【邮件】菜单，在【开始邮件合并】功能组中单击【开始邮件合并】按钮，并从打开的下拉菜单中选择【普通 Word 文档】命令，此时【邮件】菜单中的各功能组按钮无任何变化。

（2）在主文档中打开数据源。在【开始邮件合并】功能组中单击【选择收件人】按钮，从打开的下拉菜单中选择【使用现有列表】命令后弹出选取数据源对话框，选择 D 盘"邮件合并"文件夹中的"物业管理费欠费信息.xlsx"文件，并单击【打开】按钮，在【选择表格】对话框中选择欠费信息名单信息所在的工作表 Sheet1，单击【确定】按钮，此时在后台打开了数据源，同时【邮件】菜单中的各功能组的按钮状态也发生了改变，如图 2-26 所示。

图 2-26　在主文档中打开数据源后的【邮件】菜单中的功能区状态

（3）在主文档中插入合并域。将插入点定位到主文档中需要插入合并域的位置，单击【插入合并域】下拉列表，在相应位置分别插入对应的合并域，插入合并域后的效果图所图 2-27 所示。单击【预览结果】功能组中的【预览结果】按钮，便可以查看合并的数据，这时催缴物业管理费通知的各个数据域显示出第一条记录中的相应数据。

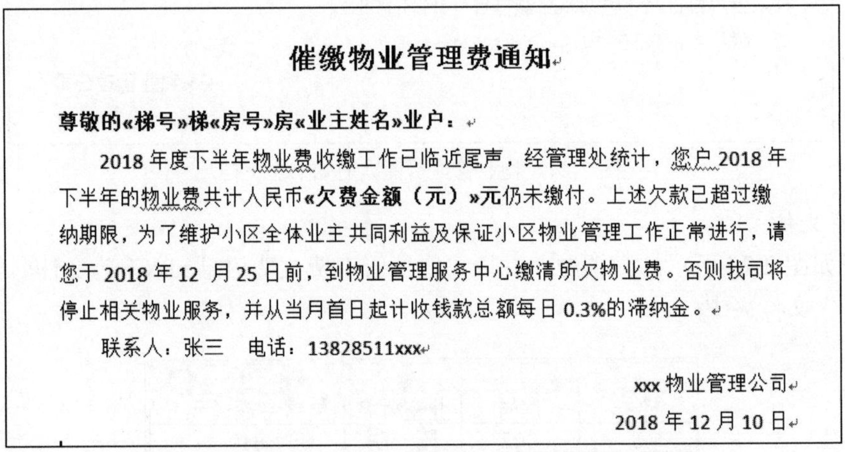

催缴物业管理费通知

尊敬的《梯号》梯《房号》房《业主姓名》业户：

2018 年度下半年物业费收缴工作已临近尾声，经管理处统计，您户 2018 年下半年的物业费共计人民币《欠费金额（元）》元仍未缴付。上述欠款已超过缴纳期限，为了维护小区全体业主共同利益及保证小区物业管理工作正常进行，请您于 2018 年 12 月 25 日前，到物业管理服务中心缴清所欠物业费。否则我司将停止相关物业服务，并从当月首日起计收钱款总额每日 0.3%的滞纳金。

联系人：张三　电话：13828511xxx

xxx 物业管理公司

2018 年 12 月 10 日

图 2-27　插入合并域后的"催缴物业管理费通知"效果图

说明：如果要设置合并域或合并后主文档的格式，需要在第三步中进行设置才能在合并后的每一份催缴物业管理费通知中出现相同的格式。

为了实现合并后在一页纸内放置两份催缴物业管理费通知，在"完成合并"前还需要进行如下操作：

1）返回未预览状态，把整个催缴物业管理费通知（包括前面的标题）复制一份，再把插入点定位到催缴物业管理费通知单下面隔六行的位置，粘贴得到第二份催缴物业管理费通知。

2）将插入点放在第二份催缴物业管理费通知的首行处（必须在第二份催缴物业管理费通知的所有数据域的前面），然后单击【编辑和插入域】功能组中【规则】下拉列表框中的【下一记录】选项，此时在第二份"催缴物业管理费通知"的标题前出现域名《下一记录》，效果如图 2-28 所示，此时单击【预览结果】按钮，就可看到在第二份催缴物业管理费通知单中已显示出下一条记录的数据了。

（4）完成合并操作。单击【预览结果】功能组中的【预览结果】按钮，如图 2-29 所示，确定无误后便可单击【完成】功能组中的【完成并合并】按钮，完成合并操作。本实例选择合并"全部"记录，完成后的效果如图 2-23 所示。这样便实现了合并时在一页纸内放置两份催缴物业管理费通知的操作。

催缴物业管理费通知

尊敬的《梯号》梯《房号》房《业主姓名》业户:

　　2018 年度下半年物业费收缴工作已临近尾声,经管理处统计,您户 2018 年下半年的物业费共计人民币《欠费金额(元)》元仍未缴付。上述欠款已超过缴纳期限。为了维护小区全体业主共同利益及保证小区物业管理工作正常进行,请您于 2018 年 12 月 25 日前,到物业管理服务中心缴清所欠物业费。否则我司将停止相关物业服务,并从当月首日起计收钱款总额每日 0.3%的滞纳金。

　　联系人:张三　电话:13828511xxx。

xxx 物业管理公司

2018 年 12 月 10 日

《下一记录》催缴物业管理费通知

尊敬的《梯号》梯《房号》房《业主姓名》业户:

　　2018 年度下半年物业费收缴工作已临近尾声,经管理处统计,您户 2018 年下半年的物业费共计人民币《欠费金额(元)》元仍未缴付。上述欠款已超过缴纳期限。为了维护小区全体业主共同利益及保证小区物业管理工作正常进行,请您于 2018 年 12 月 25 日前,到物业管理服务中心缴清所欠物业费。否则我司将停止相关物业服务,并从当月首日起计收钱款总额每日 0.3%的滞纳金。

　　联系人:张三　电话:13828511xxx。

xxx 物业管理公司

2018 年 12 月 10 日

图 2-28　插入"下一记录"域后的效果图

图 2-29　【预览结果】按钮

2.3　实例小结

　　"邮件合并"操作实际是在"主文档"和"数据源"两个文档之间进行。邮件合并的操作简单总结起来可以分四步进行:①创建主文档(即证书或信函中共有的内容);②创建或打开数据源;③在主文档中所需的位置插入合并域名字(将"数据源"中相应内容以域的方式插入到主文档中);④执行合并操作(将数据源中的可变数据和主文档进行合并,生成一个合并文档或打印输出)。

　　通过邮件合并,可轻松地批量制作证书、邀请函、催缴费通知单、学生成绩通知单、工资条、准考证等。

　　另外利用【邮件】菜单中的【创建】功能组也可以批量制作信封和标签。

2.4　拓展练习

（1）利用邮件合并制作贺年卡。新年将至，宏大公司公关部要给所有的客户和合作伙伴发一封"贺年卡"，贺年卡内容完全一样，但每个人的收信地址、单位和姓名不同，请用"练习素材"文件夹中的数据源（客户信息.xlsx）进行邮件合并，并生成合并文档，以"贺年卡.docx"为文件名保存到自己的文件夹中。

要求：参考图 2-30 设计贺年卡格式。贺年卡大小与一般的明信片相同（165 毫米×102 毫米），整体设计要求美观协调，最好能图文混排。

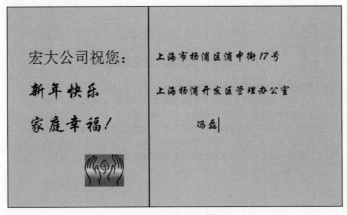

图 2-30　贺年卡样文

（2）参考批量催缴物业管理费通知实例的制作过程，请用"练习素材"文件夹中的主文档"成绩通知单.docx"和数据源"成绩信息表.docx"进行邮件合并操作。合并后要求一页纸中出现两份成绩单，完成后的效果图如图 2-31 所示。

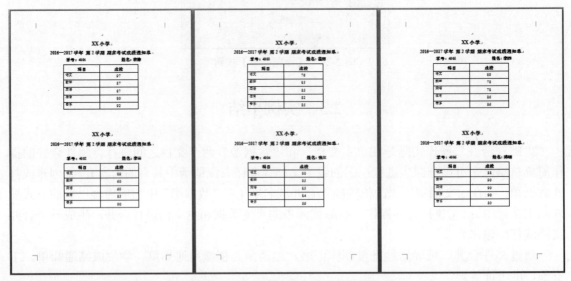

图 2-31　成绩通知单合并后的效果图

（3）利用邮件合并功能批量制作学生校牌，校牌大小为 8 厘米×12 厘米，校牌主文档样本如图 2-32 所示，请用"练习素材"文件夹中的数据源（校牌学生信息.xlsx）进行邮件合并操作。

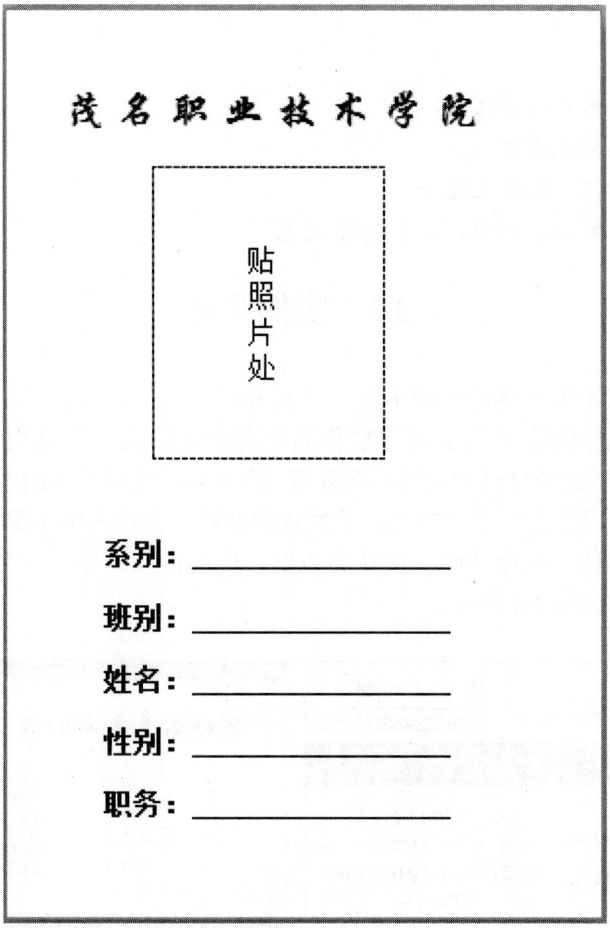

茂 名 职 业 技 术 学 院

贴
照
片
处

系别：＿＿＿＿＿＿＿＿＿

班别：＿＿＿＿＿＿＿＿＿

姓名：＿＿＿＿＿＿＿＿＿

性别：＿＿＿＿＿＿＿＿＿

职务：＿＿＿＿＿＿＿＿＿

图 2-32　校牌主文档样本

第 3 章　个人名片制作

学习目标

- 掌握绘制文本框的方法
- 掌握文本框格式设置
- 掌握图形的格式设置及组合
- 学会根据需要调整图形，美化排版效果

3.1　实例简介

名片是以个人名字为主体的介绍卡片，具有介绍、沟通、留存纪念等多种功能。个人名片能让对方在不认识你的情况下，初步了解你的个人简要信息；可以让对方在忘记你的情况下，通过阅读想起你；可以提升自己和公司的形象等。给予名片是对对方的尊重。有了名片的交换，双方的沟通交流就迈出了第一步。精美、个性化的名片，会给人留下美好深刻的印象。

张婷婷是某公司的一名设计师，因业务需要，现要设计制作一份彰显个性、展现魅力的个人名片。名片样例如图 3-1 所示。

图 3-1　个人名片正面及背面样图

3.2　实例制作

要制作出如图 3-1 所示的个人名片，主要按以下步骤完成：

（1）自定义页面大小，设置页边距。

（2）插入文本框，设置文本框格式。

（3）输入名片正面内容并设置其格式。

（4）把文本框及其他图形进行组合，形成一张个人名片正面。

（5）把第一张个人名片正面进行复制操作，形成多张个人名片。

（6）在一页纸内对齐和合理分布个人名片正面图形。

（7）制作名片背面。

3.2.1 自定义页面大小

启动 Word 2010，新建一个空白的 Word 文档，保存文件名为"个人名片.docx"。将其纸张大小设置为 21 厘米×28 厘米；页边距上、下均为 2 厘米；页边距左、右均为 1.25 厘米。具体操作步骤如下：

（1）单击【页面布局】菜单，在【页面设置】功能组中单击其右下角的按钮 ，如图 3-2 所示，将弹出【页面设置】对话框。

图 3-2　页面设置

（2）在【页面设置】对话框中选择【纸张】选项卡，在【纸张大小】下拉列表框中选择"自定义大小"，将【宽度】设置为 21 厘米，将【高度】设置为 28 厘米，如图 3-3 所示。

图 3-3　纸张设置

（3）选择【页边距】选项卡，将上、下页边距都设置为 2 厘米，左、右页边距都设置为 1.25 厘米，如图 3-4 所示。

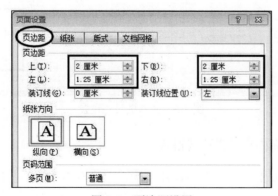

图 3-4　页边距设置

（4）单击【确定】按钮。

3.2.2　绘制文本框

在 Word 中，文本框是指一种可移动、可调大小的文字或图形容器。使用文本框，可以在一页上放置数个文字块，或使文字按与文档中其他文字不同的方向排列。下面通过绘制文本框的方式来实现个人名片的制作。

在"个人名片.docx"文档中绘制一个文本框。操作步骤如下：

（1）单击【插入】菜单中的【文本】功能组中的【文本框】按钮，如图 3-5 所示。从弹出的下拉列表中选择【绘制文本框】选项，此时鼠标指针会变成"十"字型。

图 3-5　绘制文本框

（2）在文档合适的位置按住鼠标左键往右下角拖动到适当的位置或大小后，停止拖动并松开鼠标左键，即可绘制一个空的文本框。

3.2.3　设置文本框格式

由于文本框是一种图形对象，因此可以为文本框设置各种边框格式、选择填充颜色、添加阴影、改变大小等。下面根据个人名片的一般要求，设置文本框的大小。

将文本框的宽度设置为 8.9 厘米，高度设置为 5.4 厘米。具体操作如下：

单击文本框边框的任一位置，可以选中整个文本框，随即在工具栏上会出现【绘图工具】工具栏，单击【格式】菜单，在【大小】功能组中，将高度设置为 5.4 厘米，宽度设置为 8.9 厘米，如图 3-6 所示。

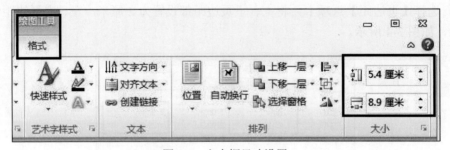

图 3-6　文本框尺寸设置

3.2.4　输入名片正面内容并设置其格式

在文本框内可以键入文字，可使用各种字体、字号及字符间距，调整行距和对齐方式等，也可以再插入文本框、线条、图片等信息，并可对其格式进行设置。下面通过在文本框内插入矩形、椭圆、文本框、线条，键入文字，设置文字和图形的格式等一系列的操作，制作出如图 3-7 所示的单张个人名片正面。

图 3-7　单张个人名片正面

具体操作如下：

（1）在前面已经设置好的文本框中的适当位置画一个高度为 0.9 厘米，宽度等于原文本框宽度的长方形。操作步骤：选中原文本框，从弹出的【绘图工具】工具栏中单击【格式】菜单，在其左边的【插入形状】功能组中选择【矩形】命令，移动鼠标箭头到文本框的合适位置，按住鼠标左键拖动，画出一个矩形。选中该矩形，将其高度设置为 0.9 厘米，宽度设置为 8.9 厘米，单击【形状填充】按钮将其填充为红色，单击【形状轮廓】按钮将其设为黑色、0.75 磅实线轮廓。

（2）在矩形靠左边的适当位置画一个椭圆，高度比矩形的稍高一些，填充为白色，无轮廓。具体可参考上面的设置方法进行设置。

（3）在椭圆上方插入一个文本框，将文本框的【形状填充】设置为无填充颜色，【形状轮廓】设置为无轮廓。在文本框内添加一个"创"字，将字体设置为华文新魏、初号、加粗，选中该文本框，其四周将会出现一些方块或圆块，把鼠标箭头放在其中一个方块或圆块上，按住鼠标左键往外或往里拖，即可调整文本框的大小，直到能够完整显示"创"字。

说明：文本框中的字符格式和段落格式的设置方法跟一般文档中的设置方法相同。也可以采用直接右击椭圆，从弹出的下拉菜单中选择【添加文字】的方法，直接在椭圆中添加"创"字。但这样做出来的效果不是很好，于是作者采用在椭圆上再加一个文本框的方法。

（4）在名片的右上角的合适位置插入一个文本框，输入第一行内容"张婷婷设计师"；换行，输入手机号码 13912345678；设置字符格式，将"张婷婷"三个字设置为华文新魏、三号，"设计师"三个字设置为宋体、小五，手机号码设置为仿宋、小四。

（5）在姓名和手机号码之间画一条适当长度的水平直线。有关水平直线的制作方法，在第一章已有介绍，这里不再复述。

（6）在名片的左下角适当的位置插入一个文本框，分两行输入公司名称"Creative Design 创意设计"，依照个人的想法，设置合适的字符和段落格式。

（7）在名片的右下角再插入一个文本框，输入其他内容，如地址、电话、邮箱和 QQ 等，并设置其格式。

（8）适当调整一下名片中各对象的位置，一张美观大方的名片就制作好了。

（9）为了更好地固定名片中各对象的位置，方便移动，可以把名片中所有对象进行组合。方法：先选中第一个对象矩形，按住 Shift 键，同时依次选中椭圆、"创"字文本框、直线、姓名文本框、公司名称文本框、地址文本框和外边整个大文本框，松开 Shift 键，移动鼠标，当鼠标变成带四个方向的箭头形状时，鼠标右击，从弹出的快捷菜单中选择【组合】命令，即可将所有选中的对象进行组合，形成一个整体。

注意：（1）在选定对象时，可能会出现某个对象被其他对象覆盖而无法选中的情况，此时应先将被覆盖的对象上移一层或置于顶层，再进行选定。

（2）组合后的对象也可以通过鼠标右击，从弹出的快捷菜单中选择【取消组合】命令，使各个对象从中独立出来。

3.2.5　制作多张相同的名片正面

要制作多张相同的名片正面，可以将第一张进行复制后，进行多次粘贴操作，得到多张。方法：单击第一张名片的边缘，鼠标右击，从弹出的快捷菜单中选择【复制】命令，在文档空白处鼠标右击，从弹出的快捷菜单中选择【粘贴选项】中的【保留源格式】命令，得到另一张名片，再用同样的方法粘贴两次，一共得到 4 张名片。

3.2.6　合理对齐分布多张名片正面

为了节省纸张，可以在一页纸内放置多张名片。如何在一张 A4 纸内整齐均匀地放置多张名片呢？下面以前面制作好的名片为例来说明排版方法。根据单张名片的大小可估算出在设置好的页面中大概能排列 8 张名片。具体的操作方法如下：

（1）选中某一张名片，将其移动到页面的左下角，选择【格式】菜单，在【排列】功能组中单击【对齐】按钮，从弹出的下拉列表中选择【对齐边距】选项，再次单击【对齐】按钮，从弹出的下拉列表中选择【底端对齐】选项。

（2）选中另一张名片，将其移到页面的左上角，选择【格式】菜单，在【排列】功能组中单击【对齐】按钮，从弹出的下拉列表中选择【对齐边距】选项，再次单击【对齐】按钮，从弹出的下拉列表中选择【顶端对齐】选项。

（3）把页面内的 4 张名片都选中。单击【格式】菜单中的【排列】中的【对齐】按钮，从弹出的下拉列表中选择【对齐边距】选项，单击【对齐】按钮，从弹出的下拉列表中选择【左对齐】选项，再次单击【对齐】按钮，从弹出的下拉列表中选择【纵向分布】选项。

（4）继续对选中的 4 张名片进行操作。单击【格式】菜单中的【排列】中的【组合】按钮，从弹出的下拉列表中选择【组合】选项，将这 4 张名片进行组合。

（5）对这个组合对象进行复制、粘贴操作得到另外 4 张名片。

（6）通过操作方向键整体移动后 4 张名片的位置，使其与前 4 张名片水平对齐分布，设置右对齐边距。

经过以上几步操作后，一版整齐的名片正面就可制作出来，如图 3-8 所示。

图 3-8　多张名片正面排版效果图

3.2.7　制作名片背面

可以利用前面学习到的知识，根据名片正面的内容，发挥想象和创意，设计制作出有特色的名片背面来，如图 3-9 所示。

图 3-9　个人名片背面

制作要点如下：

（1）在"个人名片.docx"文档第二页中绘制一个文本框作为名片的背面，在其中设置相关的内容，如文本框的大小要和名片正面文本框的大小相等。

（2）分别在名片背面文本框的上方和下方绘制一个长方形，高 0.4 厘米，宽度等于原文本框宽度，并填充红色。

（3）在名片背面靠上适当位置绘制一个文本框，输入文字"您的满意是我们最大的追求"，设置合适的字体、字号及颜色等，适当调整文本框的大小和位置。

（4）在名片背面靠左适当位置绘制一个文本框，输入文字"广告策划 装饰设计 家庭装修 工程装修"，设置合适的字体、字号及颜色等，适当调整文本框的大小和位置。

（5）在名片背面靠右适当位置绘制一个文本框，在其中插入二维码图片，适当调整图片的大小和文本框的位置。

（6）合理调整名片背面中各对象的位置，将所有对象进行组合，一张名片背面的制作便可完成。

（7）参照前面 3.2.5 和 3.2.6 所学知识，制作一版名片背面。

至此，实例完成。

3.3　实例小结

本章主要以个人名片制作为实例，重点讲解了文本框的应用，包括文本框的插入，文本框格式的设置，在文本框中输入文本及格式设置，在文本框中插入文本框、线条、矩形、椭圆等形状的操作，图形的组合、复制、对齐分布等。

文本框可以看作是特殊的图形对象，主要用来在文档中建立特殊文本。因为文本框内的文字格式可以独立于页面的文字格式，所以文本框的作用非常大，当页面内的某些文字需要单独设置格式时，都可以通过绘制文本框的方式来实现。可以为文本框设置各种边框格式、选择填充颜色、添加阴影，改变大小等，也可以为放置在文本框内的文字和图形设置格式。要为文本框设置格式，必须先选中文本框本身。要为文本框里面的文字或图形设置格式，必须先选中要设置的文字或图形本身。

如果要将多个独立的形状组合成一个图形对象，再对组合后的图形对象进行移动、修改大小等操作，可以使用图形【组合】功能来完成。还可以利用图形的【对齐】功能在一页纸中使多个图形整齐有序地分布。

总之，名片作为一个人、一种职业的独立媒体，在设计上要讲究其艺术性，但同艺术作品有明显的区别。它不像其他艺术作品那样具有很高的审美价值，可以去欣赏，去玩味。它在大多情况下不会引起人的专注和追求，而是便于记忆，具有更强的识别性，让人在最短的时间内获得所需要的信息。因此名片设计必须做到文字简明扼要，字体层次分明，强调设计意识，艺术风格要新颖。就个人而言，一张小小的名片，最主要的内容是名片持有者的姓名、职业、工作单位、联络方式等，通过这些内容，把名片持有人的简明个人和公司信息标注清楚，并以此为媒体向外传播。

通过本章的学习，在以后的学习、生活、工作中，如果要制作公司或个人名片、明信片、贺卡、通信录等，就会得心应手、游刃有余了。

3.4 拓展练习

（1）图 3-10 所示是某花店店长的名片，请根据提供的样图，结合所学的知识，制作此名片。

图 3-10 练习样图

（2）自找素材，制作一份个人名片，以活泼生动的图文安排，展现属于自我个性的创新风格。图文形式不拘泥于水平、垂直形式，依其均衡的形式编排图文。

第 4 章　办事流程图制作

学习目标

- 掌握流程图页面设置
- 掌握流程图标题制作
- 掌握绘制流程图主体框架
- 掌握绘制连接符
- 掌握美化流程图

4.1　实例简介

流程图可以清楚地展现出一些复杂的数据，让我们分析或观看起来更加清楚明了。一般在企业、公司、医疗、教学、生产线上等都会发挥较大的作用。一个工场的生产流程，一个公司的运营模式，只需要用一张流程图就可以简单地概括出来，因此制作流程图是办公人员必须掌握的技能之一。

本章以手机接收短信息流程图为实例，学习利用 Word 的自选图形绘制流程图。本实例要用到"过程"形状、"决策"形状、"箭头"连接符、"肘形"连接符，为这些形状设置格式，如线型、填充色、三维效果等。手机接收短信息流程图如图 4-1 所示。

图 4-1　手机接收短信息流程图

4.2 实例制作

流程图的制作步骤如下：
（1）页面和段落的设置；
（2）制作流程图的标题；
（3）绘制流程图主体框架；
（4）添加连接箭头；
（5）折线连接符和说明性文字；
（6）美化流程图。

4.2.1 流程图页面设置

为了使流程图有较大的绘制空间，先来设置一下页面。页面设置步骤如下：

（1）启动 Word 2010，打开一个空白文档，切换到页面视图。

（2）单击【页面布局】菜单中的【页面设置】功能组的右下角按钮 ，打开【页面设置】对话框。

（3）在【页边距】选项卡中，设置上下边距均为"2 厘米"，左右边距均为"2 厘米"，如图 4-2 所示。

（4）单击【确定】按钮。

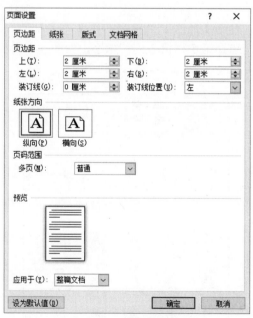

图 4-2　页边距设置

4.2.2 制作流程图标题

基本工作环境设置好之后开始制作流程图的标题。标题制作步骤如下：

（1）单击【插入】菜单中的【插图】功能组中的【形状】按钮，并从打开的下拉列表中选择【新建绘图画布】命令，如图 4-3 所示。

图 4-3 【形状】按钮

说明：必须使用画布，如果直接在 Word 2010 文档页面中插入形状会导致流程图之间无法使用连接符连接。

（2）选中绘图画布，单击【插入】菜单中的【文本】功能组中的【艺术字】按钮，打开【艺术字库】下拉列表，选择第 5 行第 3 列艺术字，如图 4-4 所示，输入"手机短信息接收流程图"。

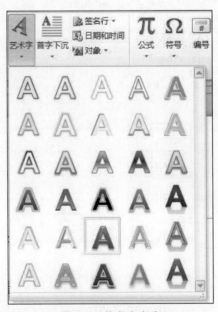

图 4-4 艺术字字库

（3）选中艺术字图文框，系统会出现【绘图工具】菜单，单击菜单中的【形状填充】按钮，选择标准色黄色填充，单击菜单中的【文本效果】功能组中的【阴影】选项，在弹出的界面中选择【透视】分类的【左上对角透视】效果选项，【阴影】选项设置为无阴影，文本透视效果设置如图4-5所示。

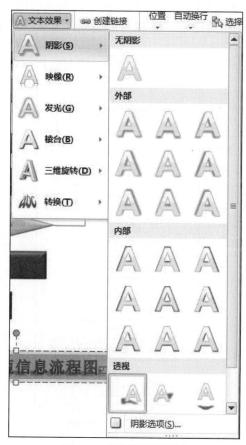

图4-5　文字透视效果图

（4）艺术字效果如图4-6所示。

手机接收短信息流程图

图4-6　标题的艺术字效果

4.2.3　绘制流程图主体框架

接下来开始绘制流程图的框架。所谓绘制框架就是画出图形、将图形大致布局，并在其中输入文字。在这里读者可以体会到，如果已经制作好了草图，此时的操作将是比较轻松的；如果是边想边画，可能会耽搁很多时间。绘制流程图框架的步骤如下：

（1）先拖动"画布"右下角控制点，使其扩大面积到页面底部边缘，以便能容纳流程图的其他图形。本流程图用到两个图形，分别是过程图形和决策图形。

（2）单击【插入】菜单中的【插图】功能组中的【形状】按钮，并在【流程图】类型中选择【过程】命令，在画布的恰当位置绘出一个小矩形。

（3）选中小矩形并鼠标右击，从弹出的快捷菜单中选择【添加文字】命令，输入文字"初始化"。

（4）用同样的方法，绘制其他图形，并在其中输入相应的文字，其中"收到短信否"和"程序中止否？"用的是决策图形，完成后的效果如图 4-7 所示。

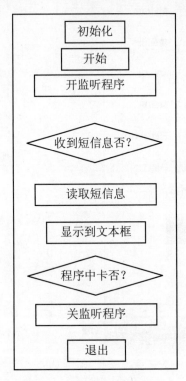

图 4-7　流程图主体框架

4.2.4　添加连接符

既然是流程图，就要建立各种图形之间的连接了。这里使用 Word 提供的一个非常好用的自选图形——连接符来建立连接。连接符用带箭头的线条来连接形状并保持形状之间的连接，它将始终与关联的形状相连。也就是说，无论怎样拖动各种形状，只要它们是以连接符相连的，就会始终连在一起。

Word 提供了三种线型的连接符用于连接对象：直线、肘形线（带角度）和曲线，如图 4-8 所示。

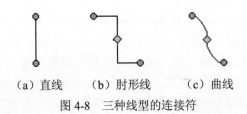

（a）直线　　　（b）肘形线　　　（c）曲线

图 4-8　三种线型的连接符

下面的工作是为流程图的各个图形之间添加连接符。连接符可以让读者更准确快速地把握工作流程的走向。

下面讲解添加连接箭头（连接符的一种）的操作。

（1）单击【插入】菜单中的【插图】功能组中的【形状】按钮，在【线条】类型中选择【箭头】选项。

（2）将鼠标指针指向第一个流程图图形（不必选中），则该图形四周将出现 4 个红色的连接点，鼠标指针指向其中一个连接点，然后按下鼠标左键拖动箭头至第二个流程图图形，则第二个流程图图形也将出现 4 个红色的连接点，定位到其中一个连接点并释放左键，则完成两个流程图图形间的连接。此时如果选中该连接符图形，连接符两端将显示红色的圆点，如图4-9 所示，表示成功连接了流程图图形。将最下面的矩形向下挪动一点，发现连接符也会随着矩形的拖动而有变化，但它始终没有离开矩形。

图 4-9　绘制箭头连接符

（3）用同样的方法为其他图形间添加直箭头连接符。在这个过程中，如果需要对某个图形进行小小的移动，可选中图形后用方向键移动。

接下来要添加折线连接符，本流程图一共需要添加二个肘形箭头连接符，操作过程如下：

（1）单击【插入】菜单中的【插图】功能组中的【形状】按钮，并在【线条】类型中选择【肘形箭头连接符】选项。

（2）先在"收到短信息否"图形左边的连接点单击，接着向左、上及右方拖动鼠标，在"开监听程序"图形左侧的连接点上单击即可，完成后可以看到连接线上有一个黄色的小点，利用鼠标拖动这个小点可以调整肘形线的幅度，如图 4-10 所示。

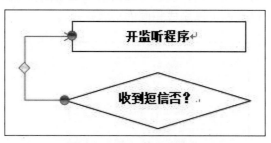

图 4-10　添加肘形连接符

（3）接下来，在这个肘形箭头连接符上添加一个"矩形"的形状，然后鼠标右击该矩形，从弹出的快捷菜单中选择【添加文字】命令，输入字符"N"，同时设置矩形框的线条颜色为"无线条颜色"，即不显示边框，设置矩形框的填充颜色为"无填充色"。添加完所有的"肘形箭头连接符"和说明性文字后，调节各图形，使上下各图形的中心垂直对齐，效果如图 4-11所示。

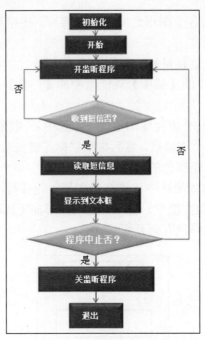

图 4-11　流程图基本效果

4.2.5　美化流程图

美化流程图的步骤如下：

（1）选中文字为"初始化"的过程图形鼠标右击，从弹出的快捷菜单中选择【设置形状格式】命令，打开【设置形状格式】对话框，在【填充】选项卡中设置填充颜色：纯色填充，自定义颜色为红色：20、绿色：94、蓝色：202。在【三维格式】选项卡中设置【棱台】的【顶端】为圆，【宽度】12 磅，【高度】3 磅；【棱台】的【底端】为圆，【宽度】6 磅，【高度】6 磅；【深度】为 0 磅；【轮廓线】为 0 磅；【表面效果】的【材料】为【特殊效果】中的柔边缘；【表面效果】的【照明】为中性三点。设置界面如图 4-12 所示。用同样的方法为其他过程图形设置这种填充格式（用格式刷可以刷成相同的形状格式）。

图 4-12　【设置形状格式】的【三维格式】设置

（2）选中文字为"收到短信息否"的决策图形，鼠标右击，从弹出的快捷菜单中选择【设置形状格式】命令，在【填充】选项卡中设置填充颜色为纯色填充，标准色橙色。在【三维格式】选项卡中，设置【棱台】的【顶端】为圆，【宽度】12磅，【高度】3磅；【棱台】的【底端】为圆，【宽度】6磅，【高度】6磅；【深度】为0磅；【轮廓线】为0磅；【表面效果】的【材料】为【特殊效果】中的柔边缘；【表面效果】的【照明】为中性三点。用同样的方法为另一个决策图形也设置这种填充格式，最终效果如图4-1所示。

4.3 实例小结

本章学习了 Word 2010 形状的插入和基本设置。读者应该掌握自选图形的绘制和缩放；自选图形的填充色；线条的线型和颜色的改变；连接符的绘制。使用"箭头"连接符和"肘形"连接符时，重点注意的是，一定要让连接符的两端连接到两侧的图形，连接符两端如果显示红色的圆点，表示成功连接了流程图图形。

4.4 拓展练习

绘制一个毕业论文写作流程图。该流程图表达的是茂名职业技术学院计算机工程系毕业生毕业论文的制作过程，最终效果如图4-13所示。

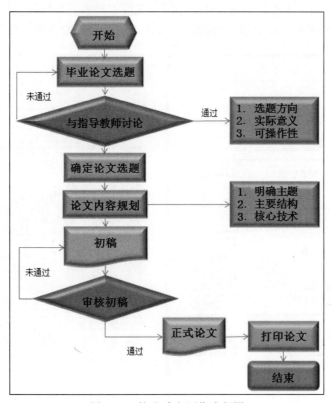

图 4-13 毕业论文写作流程图

第 5 章　宣传小报制作

学习目标

- 掌握 Word 中的页面设置及页眉页脚的设置
- 掌握利用表格及文本框对小报进行页面布局
- 掌握 Word 中文本框、表格、绘图画布、艺术字、图片、分栏等排版技术的使用方法
- 掌握 Word 中运用以上排版技术对报刊杂志进行艺术排版的基本方法及技巧

5.1　实例简介

宣传小报是企事业、学校等单位的一种重要宣传工具，在日常工作、学习中应用非常广泛。其排版设计难度虽然不是很大，但需要注重版面的整体规划、艺术效果和个性化创意，对这些部分通常会有特殊的要求。

本实例以"读书周报"的制作过程为例，详细介绍在 Word 中如何对报纸杂志的版面进行规划和设计，如何运用文本框、表格、分栏、图文混排、艺术字等排版技术对宣传小报进行艺术化排版设计。本实例重点介绍前两版的制作过程，前两版的整体效果如图 5-1 所示。

图 5-1　读书周报样例

5.2 实例制作

制作宣传小报或报刊的要点如下：

（1）对版面进行宏观设计，主要包括：设置版面大小，主要是设置纸张大小与页边距；按内容对版面进行整体规划（根据内容的主题，结合内容的多少，分成几个版面等）。

（2）对每个版面进行版面布局设计，主要包括：根据每个版面的条块特点，选择一种合适的版面布局方法对本版内容进行布局。

（3）对每个版面的每篇文章做进一步的详细设计。

宣传小报的整体设计最终要尽量达到如下效果：版面内容均衡协调、图文并茂、生动活泼；颜色搭配合理、淡雅而不失美观；版面设计不拘一格，充分发挥想象力，体现大胆奔放的个性化独特创意。

"读书周报"要求制作 4 版，下面以"读书周报"第一、第二版的制作过程为例说明宣传小报的制作方法及过程。

5.2.1 版面设置

（1）新建 Word 文档，并根据小报的版面要求进行页面设置。

启动 Word 2010，新建一个空白文档，选择【页面布局】菜单，在【页面设置】功能组中依次单击【页边距】【纸张大小】和【纸张方向】按钮，分别设置"页边距""纸张大小"和"纸张方向"，如图 5-2 所示。

也可以在【页面设置】功能组中单击【页面设置】按钮，打开【页面设置】对话框，如图 5-3 所示。在【页面设置】对话框中进行如下设置：选择【页边距】选项卡，将上下页边距设置为 2.5 厘米，将左右页边距设置为 2 厘米；选择【纸张】选项卡，设置"纸张大小"为 A4，"纸张方向"为默认。

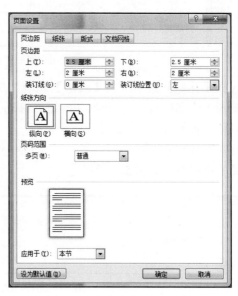

图 5-2　【页面设置】功能组　　　　图 5-3　【页面设置】对话框

（2）为小报添加 3 个空白版面。

选择【插入】菜单，在【页】功能组中单击【分页】按钮，连续操作三次，得到三个新的页面。单击【打印预览】按钮预览四张空白稿纸的整体效果，如图 5-4 所示。

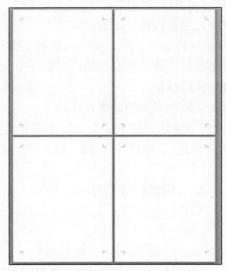

图 5-4　4 张空白版面的预览效果

（3）设置小报的页眉为"读书周报　第 n 版"。

操作方法如下：

选择【插入】菜单，在【页眉和页脚】功能组中单击【页眉】按钮，在【页眉】下拉列表框中单击【编辑页眉】选项，出现"页眉"编辑框，如图 5-5 所示。

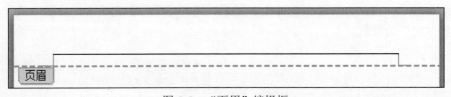

图 5-5　"页眉"编辑框

选择【开始】菜单，在【段落】功能组中单击【两端对齐】按钮，将插入点置于页眉左端，输入"读书周报"，按两次 Tab 键，移动光标到页眉的最右边，选择【插入】菜单，单击【页眉和页脚】功能组中的【页码】按钮，单击【设置页码格式】选项，在打开的【页码格式】对话框中选择数字格式"一，二，三（简）…"，添加其他文字，构成"第 n 版"的形式，编辑完成的页眉效果如图 5-6 所示。

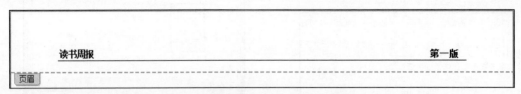

图 5-6　编辑完成后的"页眉"效果

（4）保存文档为"读书周报.docx"，存到 D 盘的个人文件夹中。

选择【文件】菜单中的【保存】命令，在【另存为】对话框中设置保存位置为 D 盘的个人文件夹，输入文件名为"读书周报"，保存类型选择"Word 文档"或默认类型，单击【保存】按钮。

5.2.2 版面布局

与很多报刊一样，"读书周报"版面最大的特点是各篇文章（或各个图片）都是根据版面均衡协调的原则划分为若干"条块"进行合理"摆放"的，这就是版面布局，也称为版面设计。每篇文章分到某个条块后，再根据文章自身的特色进行细节编排。根据各版面的特点，可以采用表格或文本框进行版面布局。

1. 用表格设计第一版的版面布局

通过观察第一版的效果图，发现各部分的条块特点非常突出，而且每篇短文都是一栏，不需要分两栏或三栏，这种情况很适合用表格或文本框进行版面布局，即把第一版的版面用表格线或文本框进行分割，给每篇文章划分一个大小合适的方格，然后把相应的文字放入对应的方格中。下面以表格来设置第一版的版面布局，操作步骤如下：

（1）选择【插入】菜单，在【表格】功能组中单击【绘制表格】按钮，绘制如图 5-7 右侧所示的表格布局，绘制出第一版整体布局的基本轮廓。

（2）将各篇文章的素材复制到相应的单元格中。调整表格线的位置直至各个单元格比较紧凑，单元格内尽量不留空位，又刚好显示每篇文章的所有内容。第一版的排版目标（图 5-7 的左侧）与表格布局（图 5-7 的右侧）的对应关系如图 5-7 所示。

图 5-7　用表格设置第一版的排版目标与表格布局的对应关系

（3）隐藏那些不需要框线的单元格的表格线，需要框线的表格线给予保留，并设置成对应的框线类型。操作方法：选中需要隐藏边框线的单元格，选择【表格工具/设计】菜单，单击【边框】按钮旁边的下拉箭头，在弹出的下拉列表中选择"无框线"即可。

说明：鉴于第一版的条块特点，也可以用文本框进行版面布局。操作方法如下：①选择【插入】菜单，在【文本】功能组中单击【文本框】按钮，在弹出的【内置】下拉列表中单击【绘制文本框】按钮，在适当位置绘制文本框，绘制出第一版的整体布局基本轮廓；②将各篇文章的素材复制到相应的文本框中；③调整各个文本框的大小，直至每个文本框的空间比较紧凑，不留空位，同时又刚好显示出每篇文章的内容，用文本框设置第一版的版面布局与第一版的排版目标的对应关系如图 5-8 所示。④单击文本框的边框选中文本框，切换到【格式】菜单，在【形状轮廓】命令的下拉列表中设置边框的线条样式和颜色等。

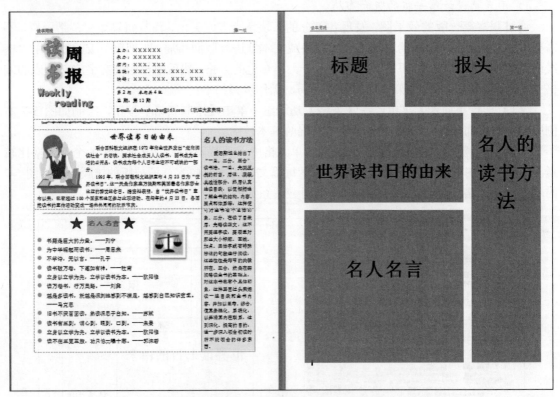

图 5-8　用文本框设置第一版的排版目标与版面布局的对应关系

2．用文本框设置第二版的版面布局

第二版第一篇文章"读书的名人故事"除了分栏并没有外边框，所以这一部分的版面设计就不能用表格或文本框进行版面布局，只需将文字素材复制到第二版的开头即可。对于没有任何边框的文字，设置分栏将会非常方便。第二篇文章"《爱的教育》读书笔记"不但要分栏，而且有外边框，因此必须要用文本框建立一个方格布局，再将文字放入这个方格中。

鉴于第二版的情况，可以用表格或文本框进行局部的版面布局。由于文本框设置艺术图形框线比表格方便，因此第二版用文本框进行布局更合适。操作方法可参考上述的第一版利用文本框布局版面的操作。第二版的版面布局如图 5-9 所示。

图 5-9　第二版的版面布局

5.2.3　利用艺术字制作小报报头

对前两个版面布局设计完毕后,接下来要设计第一版的小报报头。报头是小报的总题目,相当于小报的眼睛,因此报头的设计必须要突出艺术性,做到美观协调。

本章的"读书周报"报头用艺术字、艺术化横线等方法来实现小报报头的艺术化设计。

1.　插入艺术字标题

艺术字是 Word 中使用比较广泛的图形对象,它结合了文本和图形的特点,能够使文本具有图形的某些属性,如设置旋转、三维、映像等效果,具有美术效果,能够美化版面。

本实例中以设置"读书"二字为艺术字来说明艺术字的插入及格式设置。操作方法及步骤如下:

(1)将插入点置于第一版左上角报头标题的位置,在【插入】菜单中单击【文本】功能组中的【艺术字】按钮,并在打开的艺术字预设样式库中选择第 1 行第 5 列的样式,如图 5-10所示。

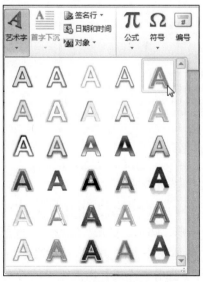

图 5-10　艺术字预设样式库

(2)在打开的艺术字文字编辑框中输入"读书"二字,并设置字体为"华文行楷",字号为 50、加粗,如图 5-11 所示。

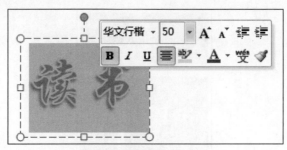

图 5-11　编辑艺术字文字

（3）选中"读书"二字，在打开的【绘图工具/格式】菜单中单击【文本】功能组中的【文字方向】按钮，打开的文字方向下拉列表中选择【垂直】。

（4）设置艺术字样式中的文本效果。选中"读书"二字，在打开的【绘图工具/格式】菜单中单击【艺术字样式】功能组中的【文本效果】按钮，打开文本效果下拉列表，选择【发光】选项中的【发光变体】分类的第 3 行第 3 列的发光效果，如图 5-12 所示。文本发光效果图如图 5-13 所示。

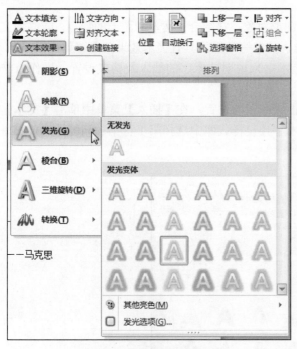

图 5-12　设置文本发光效果　　　　　　　　　图 5-13　文本发光效果图

另外，也可以设置艺术字的"形状"样式，相对于 Word 2003 而言，Word 2010 提供的艺术字形状更加丰富多彩，包括弧形、圆形、V 形、波形、陀螺形等多种形状。通过设置艺术字形状，能够使文档更加美观。具体操作方法如下：选中要设置"形状"的艺术字，在打开的【绘图工具/格式】菜单中单击【艺术字样式】功能组中的【文本效果】按钮，打开文本效果下拉列表，选择【转换】选项，在打开的转换列表中列出了多种形状可供选择。对鼠标所指向的形状，Word 2010 文档中的艺术字将实时显示实际效果。设置好艺术字的标题效果如图 5-14 所示。

图 5-14　艺术字标题效果

2. 插入艺术化横线

在适当位置插入艺术横线进行版块分割，可以使整体版面更加丰富多彩、生动活泼。 在"读书周报"的报头中插入两条艺术化横线，如图 5-15 所示。下面以插入第二条横线为例，介绍插入艺术化横线的方法及步骤。

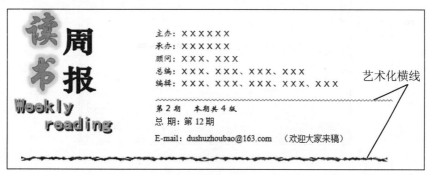

图 5-15　艺术化横线效果

（1）将插入点定位在要放置第二条横线的位置，在打开的【表格工具/设计】菜单中单击【表格样式】功能组中的【边框】按钮，从打开的边框下拉列表中选择【边框和底纹】命令，打开【边框和底纹】对话框，如图 5-16 所示。

图 5-16　【边框和底纹】对话框

（2）在【边框和底纹】对话框中单击【横线】按钮，打开【横线】对话框，选择第二条横线的样式，如图 5-17 所示。

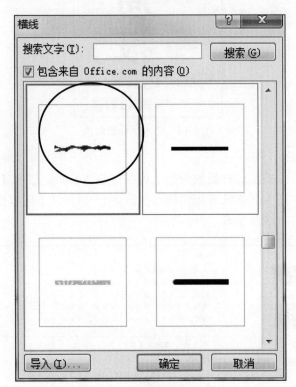

图 5-17　第二条横线的样式

5.2.4　项目符号和编号的使用

项目符号主要用于区分文档中不同类别的文本内容，使用原点、星号等符号表示项目符号；而编号主要用于文档中相同类别文本的不同内容，一般具有顺序性。编号一般使用阿拉伯数字、中文数字或英文字母。两者都是以段落为单位进行标识。

下面以在"读书周报"第一版中的"名人名言"一文中添加"项目符号"为例说明项目符号和编号的使用方法。具体操作方法及步骤如下：

（1）添加项目符号。打开"读书周报.docx"，选中"名人名言"一文中需要添加项目符号的段落，在【开始】菜单中的【段落】功能组中单击【项目符号】下拉三角按钮，在【项目符号】下拉列表中选中合适的项目符号即可，如图 5-18 所示。

说明：在当前项目符号所在行输入内容后，当按下回车键时会自动在下一段落产生一个相同的项目符号。如果连续按两次回车键将取消项目符号输入状态，恢复到常规输入状态。

（2）定义新的项目符号。如果要选择的"项目符号"在原来的项目符号库中不存在，则可以单击【项目符号】下拉列表中的【定义新项目符号】按钮，打开【定义新项目符号】对话框，如图 5-19 所示，单击【图片】按钮，进入【图片项目符号】对话框，如图 5-20 所示，在该对话框中选择一种图片对象，单击【确定】按钮即可将该图片设为当前的项目符号。

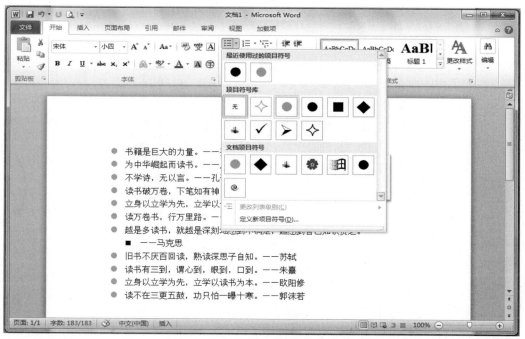

图 5-18　选择项目符号

图 5-19　【定义新项目符号】对话框

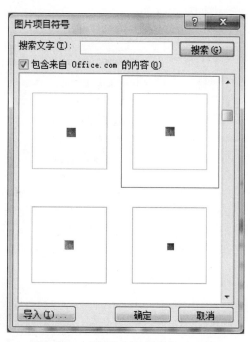

图 5-20　【图片项目符号】对话框

　　如果要选择"图形"字符作为项目符号，则在【定义新项目符号】对话框中单击【符号】按钮打开【符号】对话框，如图 5-21 所示，从【字体】下拉列表中选择"Wingdings"字体，从备选的图形字符中选择所需要的项目符号，单击【确定】按钮返回到【定义新项目符号】对话框，单击【确定】按钮，完成图形项目符号的操作。

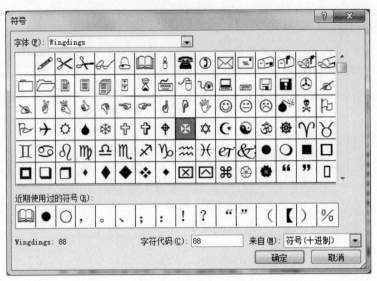

图 5-21　【符号】对话框

（3）设置项目符号的格式。

设置了项目符号后，如果要改变项目符号的格式，可以在【定义新项目符号】对话框中单击【字体】按钮打开【字体】对话框，如图 5-22 所示，可以对项目符号的字形、字号、字体颜色等进行重新设置。

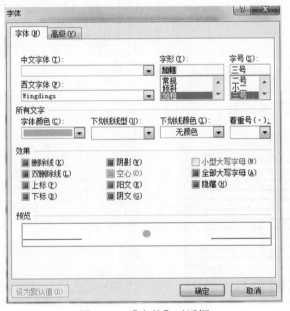

图 5-22　【字体】对话框

（4）添加编号。

在 Word 中添加编号的方法与添加项目符号的方法类似。首先在文档中选中准备添加编号的段落，然后在【开始】菜单中的【段落】功能组中单击【编号】下拉三角按钮，从打开的【编号】下拉列表中选中合适的编号即可，如图 5-23 所示。

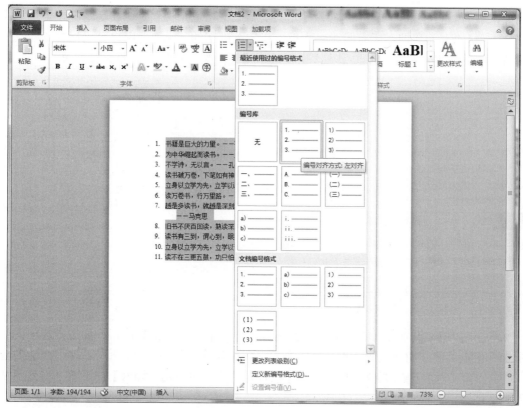

图 5-23 【编号】下拉列表

5.2.5 图文混排

图文混排，就是将文字与图片混合排列，文字可在图片的四周、嵌入图片下面、浮于图片上方等，一幅生动的图片在文档中往往可以起到画龙点睛的作用，大大丰富文档的视觉效果，为单调的文本增添亮色。能够在文档中插入各种图形图片，实现图文混排是 Word 最大的优点之一。

这些图形可以由其他绘图软件创建，也可以是一些系统定义好的形状，包括线条、基本形状、流程图等，通过剪贴画或以文件的形式插入到文档中。

插入图形图片的操作方法：打开文档窗口，在【插入】菜单中的【插图】功能组中单击所需要插入的图形按钮，如要在文档中插入保存在磁盘中的图片，则单击【插图】功能组中的【图片】按钮，如果用户要插入剪贴画，则单击【插图】功能组中的【剪贴画】按钮。

"读书周报"第一版中有几个地方需要插入图形。在文章"世界读书日的由来"和"名人名言"中分别插入剪贴画，在"名人名言"中插入【形状】中的五角星符号 ★。

1. 在文档中插入"剪贴画"

在文档中插入"剪贴画"的具体操作方法及步骤如下：

（1）在"读书周报"中将插入点定位在要插入剪贴画的位置。

（2）在【插入】菜单中的【插图】分组中单击【剪贴画】按钮，如图 5-24 所示。

（3）打开【剪贴画】任务窗格，在【搜索文字】编辑框中输入需要插入剪贴画的关键字

（例如，本例中的"天平"），单击搜索【结果类型】下拉三角按钮，默认情况下会选中【所有媒体类型】复选框，即在所有收藏集中搜索指定关键字的剪贴画。用户可以根据需要取消或选中特定的收藏集。例如，在类型列表中仅选中【插图】收藏集，如图 5-25 所示。

图 5-24　【剪贴画】按钮　　　　　　　　　　　　图 5-25　剪贴画搜索设置

（4）完成搜索设置后，在【剪贴画】任务窗格中单击【搜索】按钮。如果被选中的收藏集中含有指定关键字的剪贴画，则会显示剪贴画搜索结果，如图 5-26 所示。单击合适的剪贴画，或单击剪贴画右侧的下拉三角按钮，并在打开的菜单中单击【插入】按钮即可将该剪贴画插入到文档指定的位置处。

此外，Word 2010 在【插图】功能组中新增了【屏幕截图】功能。借助【屏幕截图】功能，可以方便地将已经打开且未处于最小化状态的窗口截图插入到当前的 Word 文档中，如图 5-27 所示。需要注意的是，【屏幕截图】功能只能应用于文件扩展名为.docx 的 Word 2010 文档中，在文件扩展名为.doc 的兼容 Word 文档中是无法实现的。

图 5-26　剪贴画搜索结果　　　　　　　　　　　图 5-27　【屏幕截图】按钮

2. 设置图形图片格式

Word 2010中新增了针对图形、图片、图表、艺术字、自动形状、文本框等对象的样式设置。样式包括渐变效果、颜色、边框、形状和底纹等多种效果，可以帮助读者快速设置上述对象的格式。

例如，在"读书周报"文档中，当选中"世界读书日的由来"文中的剪贴画时，系统会自动打开【图片工具/格式】菜单。在【图片样式】库中，可以使用预置的样式快速设置图片的格式。值得一提的是，当鼠标指针悬停在一个图片样式上方时，可以实时预览文档中的图片的实际效果，如图 5-28 所示。

图 5-28　实时预览选中的图片样式的实际效果

3. 设置图片文字环绕方式

默认情况下，图片作为对象插入到文档后，其位置随着其他字符的改变而改变，用户不能自由移动图片。而通过为图片设置文字环绕方式，则可以自由移动图片的位置。具体操作步骤如下：

（1）在打开的文档窗口中，选中需要设置文字环绕的图片。

（2）在打开的【图片工具/格式】菜单中单击【排列】功能组中的【位置】按钮，在打开的预设位置列表中选择合适的文字环绕方式即可。这些文字环绕方式包括"顶端居左，四周型文字环绕""顶端居中，四周型文字环绕""顶端居右，四周型文字环境""中间居左，四周型文字环绕""中间居中，四周型文字环绕""中间居右，四周型文字环绕""底端居左，四周型文字环绕""底端居中，四周型文字环绕""底端居右，四周型文字环绕"九种方式，如图 5-29所示。

如果读者希望在文档中设置更符合自己要求的文字环绕方式，可以在【排列】功能组中单击【位置】或【自动换行】下拉列表中的【其他布局选项】选项，在打开的【布局】对话框中可对图片的"文字环绕方式""位置"及"大小"进行合适的设置。本实例中利用【布局】对话框为"名人名言"一文中的"天平"剪贴画设置"四周型"文字环绕方式，如图 5-30所示。

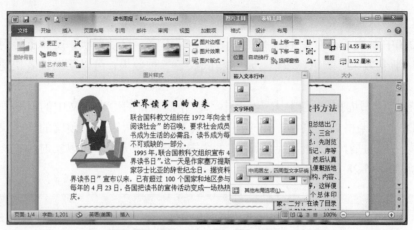

图 5-29　选择文字环绕方式

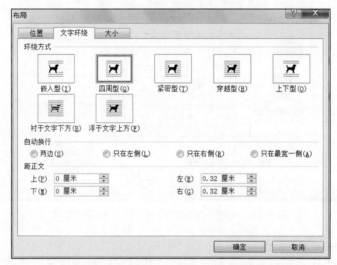

图 5-30　利用【布局】对话框设置文字环绕方式

5.2.6　利用分栏编排栏目内容

在各种报纸和杂志中使用得最广泛的排版方式是分栏。分栏也是文档排版中最常用的一种版式。它使页面在水平方向上分为几个栏，文字是逐栏排列的，填满一栏后才转到下一栏，文档内容分列于不同的栏中。这种分栏方法使页面排版灵活，阅读方便。

Word 2010 可以在文档中建立不同版式的分栏，并可以随意更改各栏的栏宽及栏间距。具体操作方法及步骤如下：

（1）选中文档中的所有段落。

（2）单击【页面布局】菜单，然后在【页面设置】功能组中单击【分栏】按钮，在【分栏】下拉列表中可以看到有【一栏】【二栏】【三栏】【偏左】【偏右】和【更多分栏】选项。这里根据实例任务要求选择【三栏】，如图 5-31 所示。也可以选择【更多分栏】命令打开【分栏】对话框。在【分栏】对话框中可以设置栏宽及栏间距的大小，勾选【分隔线】复选框可以设置分隔线，如图 5-32 所示。设置分栏后的效果如图 5-33 所示。

图 5-31 【分栏】按钮

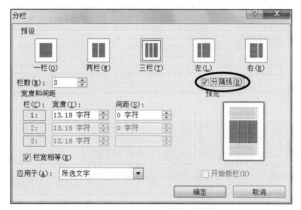

图 5-32 【分栏】对话框

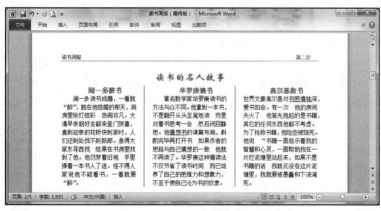

图 5-33 "分栏"排版效果

提示：如果想要分栏的数目在【分栏】下拉列表中没有，可以单击【更多分栏】按钮，在弹出的【分栏】对话框中的【栏数】文本框中设定数目，最大为 11。

5.2.7 格式刷的使用

Word 中的格式刷可以将特定文本或段落的格式复制到其他文本或段落中，当用户需要为不同文本重复设置相同格式时，可使用格式刷提高工作效率。

任务：利用【格式刷】按钮 将"读书的名人故事"的第一栏中标题的格式复制到第二、第三栏的标题中。第一栏标题的格式设置：小四号、幼圆、蓝色字体，居中对齐。

具体操作步骤如下：

（1）按要求设置好第一栏标题的格式。选中第一栏标题或把光标置于第一栏标题中，然后在【开始】菜单中的【剪贴板】功能组中双击【格式刷】按钮，如图 5-34 所示。

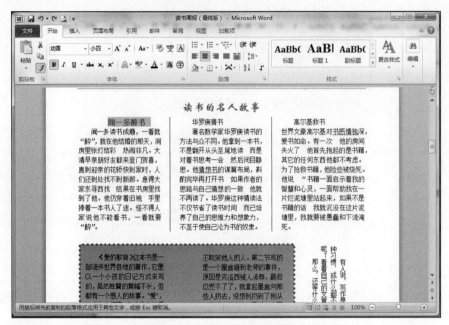

图 5-34　双击【格式刷】按钮

提示：如果单击【格式刷】按钮，则格式刷记录的文本格式只能被复制一次，不利于同一种格式的多次复制。

（2）将鼠标指针移动至 Word 文档文本区域，此时鼠标指针已经变成刷子形状，按住鼠标左键拖选第二栏标题（含回车符）或单击第二栏标题左边的选定区，则第二栏的标题格式就应用了第一栏的标题格式。释放鼠标左键，再次拖选第三栏标题或单击第三栏标题左边的选定区，可以实现同一种格式的多次复制。利用【格式刷】复制完成后的效果如图 5-35 所示。

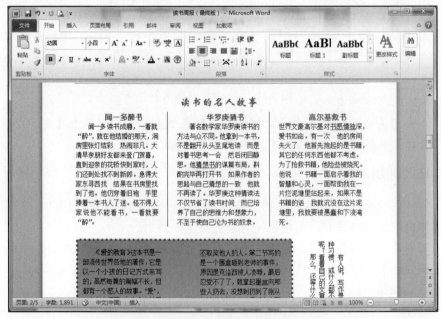

图 5-35　利用【格式刷】复制完成后的效果

（3）完成格式的复制后，单击【格式刷】按钮，关闭格式刷功能。

5.2.8　利用文本框链接实现分栏效果

接下来编辑第二版的第二篇文章"《爱的教育》读书笔记"。它的排版特点是在一个方框内分成两栏的一篇文章，且方格具有艺术边框的效果。

前面介绍过，方框中的文字不能分栏，即如果把文章"《爱的教育》读书笔记"文本放入一个用表格或文本框建立的方框中，将无法分成两栏。因此，这里采用多文本框互相链接的办法实现分栏效果。

（1）将"读书周报"中第二版第二篇文章"《爱的教育》读书笔记"用文本框链接的办法实现分成两栏效果。

具体操作方法及步骤如下：

1）创建绘图画布。将插入点置于"读书周报"第二版"读书的名人故事"后面的下一段起始处，选择【插入】菜单，在【插图】功能组中单击【形状】按钮，如图 5-36 所示，在打开的形状下拉列表中选择【新建绘图画布】命令，绘图画布将根据页面大小被自动插入到当前页面中。

图 5-36　【形状】按钮

2）在绘图画布中插入文本框。调整绘图画布的大小，选择【插入】菜单命令，在【文本】功能组中单击【文本框】按钮，在打开的【内置】下拉列表中单击【绘制文本框】命令，然后在绘图画布中通过拖拽来绘制所需大小的文本框，重复该步骤绘制第二个文本框，如图 5-37 所示。

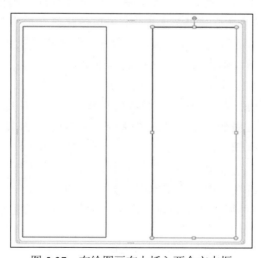

图 5-37　在绘图画布上插入两个文本框

3）创建文本框链接。单击第一个文本框，然后在【绘图工具/格式】菜单中的【文本】功能组中单击【创建链接】按钮，如图 5-38 所示，则鼠标指针变为罐状指针，用罐状指针单击第二个文本框，则在两个文本框间建立了链接。

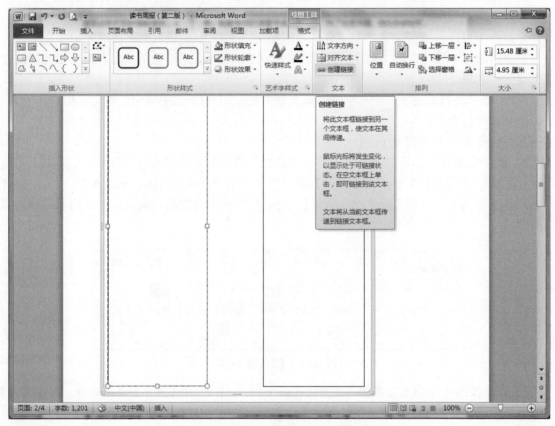

图 5-38　单击【创建链接】按钮

说明：如果还想链接第三个文本框，则单击第二个文本框，然后在【绘图工具/格式】菜单中的【文本】功能组中单击【创建链接】按钮，并用罐状指针单击第三个文本框。以此类推，可链接多个文本框。在文本框间建立链接后，当向一个文本框输入文本时，如果该文本框文本已满，则输入的文本会自动流向链接的下一个文本框中。

提示：①被链接的文本框必须是空白的才能与其他文本框建立链接；②如果误单击了【创建链接】按钮，可以单击 Esc 键，取消创建链接的操作；③如果在建立链接之后又想撤消该链接，可以单击一个有下层链接的文本，然后在【绘图工具/格式】菜单中的【文本】功能组中单击【断开链接】按钮，断开与该文本框建立链接的所有文本框。

4）将文章"《爱的教育》读书笔记"素材复制到第一个文本框中。第一个文本框装满后，则输入的文本自动流向了链接的第二个文本框，如图 5-39 所示。

5）在两个文本框中间再插入一个竖排文本框，输入标题"《爱的教育》读书笔记"，并设置字体为二号华文琥珀。

6）设置"《爱的教育》读书笔记"正文内容格式：五号宋体，首行缩进 2 个字符。

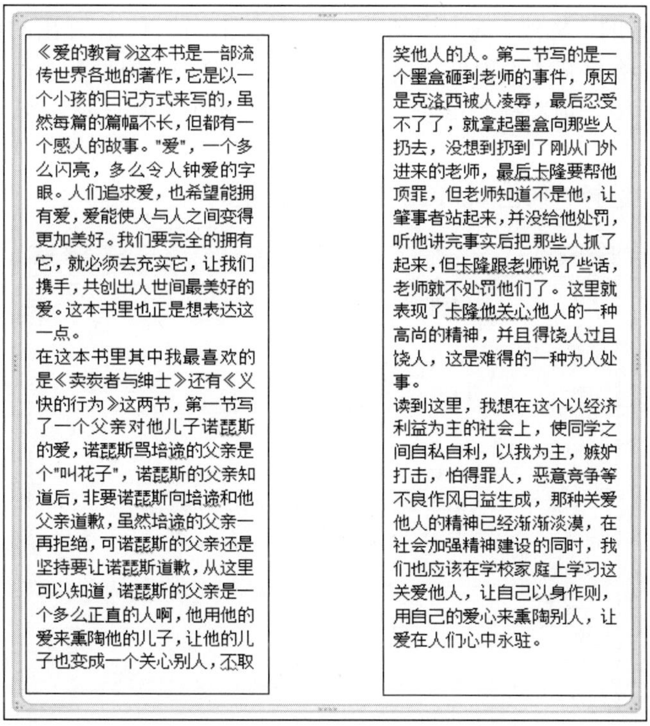

《爱的教育》这本书是一部流传世界各地的著作，它是以一个小孩的日记方式来写的，虽然每篇的篇幅不长，但都有一个感人的故事。"爱"，一个多么闪亮，多么令人钟爱的字眼。人们追求爱，也希望能拥有爱，爱能使人与人之间变得更加美好。我们要完全的拥有它，就必须去充实它，让我们携手，共创出人世间最美好的爱。这本书里也正是想表达这一点。
在这本书里其中我最喜欢的是《卖炭者与绅士》还有《义快的行为》这两节，第一节写了一个父亲对他儿子诺琵斯的爱，诺琵斯骂培谛的父亲是个"叫花子"，诺琵斯的父亲知道后，非要诺琵斯向培谛和他父亲道歉，虽然培谛的父亲一再拒绝，可诺琵斯的父亲还是坚持要让诺琵斯道歉，从这里可以知道，诺琵斯的父亲是一个多么正直的人啊，他用他的爱来熏陶他的儿子，让他的儿子也变成一个关心别人，不取
笑他人的人。第二节写的是一个墨盒砸到老师的事件，原因是克洛西被人凌辱，最后忍受不了了，就拿起墨盒向那些人扔去，没想到扔到了刚从门外进来的老师，最后卡隆要帮他顶罪，但老师知道不是他，让肇事者站起来，并没给他处罚，听他讲完事实后把那些人抓了起来，但卡隆跟老师说了些话，老师就不处罚他们了。这里就表现了卡隆他关心他人的一种高尚的精神，并且得饶人过且饶人，这是难得的一种为人处事。
读到这里，我想在这个以经济利益为主的社会上，使同学之间自私自利，以我为主，嫉妒打击，怕得罪人，恶意竞争等不良作风日益生成，那种关爱他人的精神已经渐渐淡漠，在社会加强精神建设的同时，我们也应该在学校家庭上学习这关爱他人，让自己以身作则，用自己的爱心来熏陶别人，让爱在人们心中永驻。

图 5-39　两个文本框链接之后的效果

（2）取消文本框的外框线并为绘图画布设置艺术边框。

具体操作方法及步骤如下：

1）取消文本框的外框线及填充颜色。依次选中三个文本框并鼠标右击边框，在弹出的快捷菜单中选择【设置形状格式】命令打开【设置形状格式】对话框，依次选择【填充】和【线条颜色】选项卡，分别选中“无填充”和“无线条”选项，如图 5-40 所示，单击【关闭】按钮，即可去掉文本框外框线及填充颜色。

设置形状格式
填充
线条颜色
线型
阴影
映像
发光和柔化边缘
三维格式
三维旋转
图片更正
图片颜色
艺术效果
裁剪
文本框
可选文字
线条颜色
无线条(N)
实线(S)
渐变线(G)
关闭

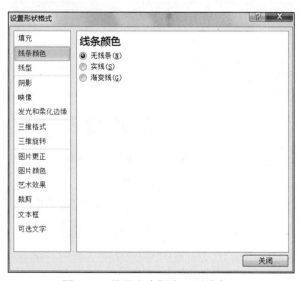

图 5-40　设置文本框为“无线条”

2）设置绘图画布的边框线。选中绘图画布并鼠标右击边框，在弹出的快捷菜单中选择【设置绘图画布格式】命令打开【设置形状格式】对话框。单击【线型】选项卡，将【宽度】设置为 4 磅，在【复合类型】项选择"单线"，在【短划线类型】项选择"圆点"，在【线端类型】项及【联接类型】项均选择"圆形"，如图 5-41 所示。单击【线条颜色】选项卡，选择"实线"，在【颜色】选择框中选择"红色"，单击【关闭】按钮。

图 5-41　设置绘图画布的线型

3）设置绘图画布的填充颜色。选中绘图画布并鼠标右击边框，在弹出的快捷菜单中选择【设置绘图画布格式】命令打开【设置形状格式】对话框，单击【填充】选项卡，选中"渐变填充"选项，在【预设颜色】中选择"雨后初晴"样式，如图 5-42 所示，单击【关闭】按钮，设置好的效果如图 5-43 所示。

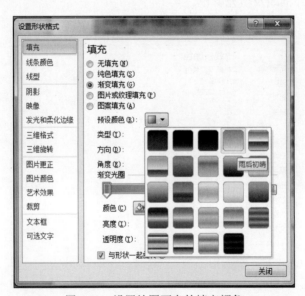

图 5-42　设置绘图画布的填充颜色

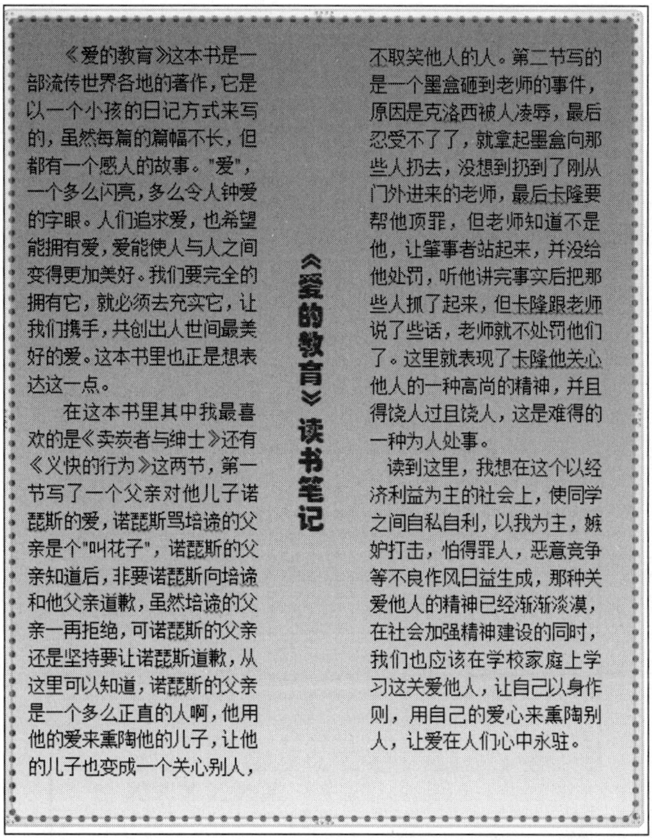

《爱的教育》这本书是一部流传世界各地的著作，它是以一个小孩的日记方式来写的，虽然每篇的篇幅不长，但都有一个感人的故事。"爱"，一个多么闪亮，多么令人钟爱的字眼。人们追求爱，也希望能拥有爱，爱能使人与人之间变得更加美好。我们要完全的拥有它，就必须去充实它，让我们携手，共创出人世间最美好的爱。这本书里也正是想表达这一点。

在这本书其中我最喜欢的是《卖炭者与绅士》还有《义侠的行为》这两节，第一节写了一个父亲对他儿子诺琵斯的爱，诺琵斯骂培谛的父亲是个"叫花子"，诺琵斯的父亲知道后，非要诺琵斯向培谛和他父亲道歉，虽然培谛的父亲一再拒绝，可诺琵斯的父亲还是坚持要让诺琵斯道歉，从这里可以知道，诺琵斯的父亲是一个多么正直的人啊，他用他的爱来熏陶他的儿子，让他的儿子也变成一个关心别人，

《爱的教育》读书笔记

不取笑他人的人。第二节写的是一个墨盒砸到老师的事件，原因是克洛西被人凌辱，最后忍受不了了，就拿起墨盒向那些人扔去，没想到扔到了刚从门外进来的老师，最后卡隆要帮他顶罪，但老师知道不是他，让肇事者站起来，并没给他处罚，听他讲完事实后把那些人抓了起来，但卡隆跟老师说了些话，老师就不处罚他们了。这里就表现了卡隆他关心他人的一种高尚的精神，并且得饶人过且饶人，这是难得的一种为人处事。

读到这里，我想在这个以经济利益为主的社会上，使同学之间自私自利，以我为主，嫉妒打击，怕得罪人，恶意竞争等不良作风日益生成，那种关爱他人的精神已经渐渐淡漠，在社会加强精神建设的同时，我们也应该在学校家庭上学习这关爱他人，让自己以身作则，用自己的爱心来熏陶别人，让爱在人们心中永驻。

图 5-43　绘图画布设置艺术框线和填充颜色的最终效果图

5.3　实例小结

本章通过对"读书周报"的排版，综合介绍了 Word 中的各种排版技术，如文本框、绘图画布、表格、艺术字、图片、分栏等。只要灵活地运用 Word 中的图文工具，就能随心所欲地制作出丰富多彩的文档。

宣传小报的设计制作过程简单总结如下：

（1）进行版面的宏观设计，主要包括：设置版面大小（设置纸张大小、页边距、纵横方向等）；按内容规划版面（根据内容的主题并结合内容的多少分成几个版面等）。

（2）对每个版面进行具体布局设计，主要包括：根据每个版面的条块特点选择一种合适的版面布局方法（表格或文本框）；对本版内容进行布局。

（3）对每个版面的每篇文章做进一步的详细设计。对于较长的文档经常采用分栏方法，把文档内容分列于不同的栏中，同时为了增强排版的艺术效果，应尽量使用插入艺术字及图片的方法来实现图文混排。

（4）宣传小报的整体设计最终要尽量达到如下效果：版面内容均衡协调、图文并茂、生动活泼；颜色搭配合理、淡雅而不失美观；版面设计可以不拘一格，充分发挥想象力，体现大胆奔放的个性化独特创意。

5.4　拓展练习

（1）利用表格制作如图 5-44 所示的版面布局。具体要求：第一篇正文左侧和第二篇正文右侧的线条为 3 磅黑色直线；两篇文章之间用 3 磅红色虚线分隔；文字首行缩进 2 个字符；在第一篇文章右侧和第二篇文章左侧添加图片；图片与文字的环绕方式为四周型。

图 5-44　正文版面布局（1）

（2）使用分栏方法制作如图 5-45 所示的版面布局。具体要求：第一篇正文分为两栏，字符间距 2 个字符；第二篇正文分为三栏，字符间距 3 个字符，标题不参与分栏，正文文字首行缩进 2 个字符；第一篇与第二篇文章之间添加艺术横线；正文依图例添加两张图片；图片与文字的环绕方式为紧密型。

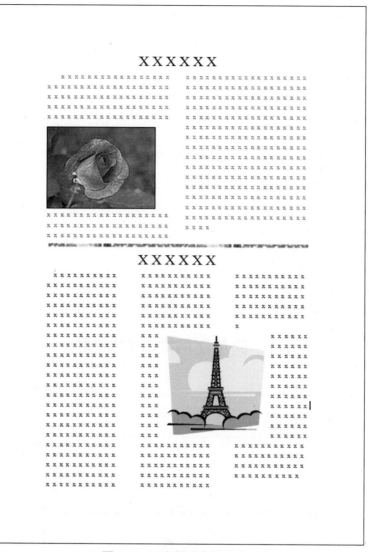

图 5-45 正文版面布局（2）

（3）参照本章"读书周报"第一、二版的设计方法，自选素材，结合刚学完的宣传小报的排版知识，完成"读书周报"第三、四版的设计及制作。

（4）参照本章"读书周报"的设计方法，结合所掌握的 Word 排版知识，自选主题和素材，设计编排一份与你的专业或生活题材有关的小报。小报素材可以自己撰写，也可以从网上下载。具体排版要求如下：

1）用 A4 纸张，共 4 个版面。

2）用表格或文本框对整体版面进行布局设计，要求有页眉页脚。

3）小报要包含适当的艺术字、艺术横线、图片或自选图形，实现版面的图文混排。

4）对某些栏目的内容设置分栏效果。

5）部分文本框设置成适当的艺术型边框。

6）报头中应包含你的个人信息（姓名、班级、专业等）。

第 6 章　论文编辑排版

学习目标

- 掌握页面设置
- 掌握标题样式的创建
- 掌握多级符号的使用
- 掌握样式的应用
- 掌握图表自动编号的方法
- 掌握图表、目录的插入方法
- 掌握分节符的应用
- 掌握页眉页脚的设置
- 掌握生成目录的方法

6.1　简单文档排版实例制作

本实例通过使用分节符命令制作了一个页面边框不同、页眉页脚不同的 3 节文档，修改了标题 1 样式和应用样式，生成了目录，本题效果如图 6-1 所示。

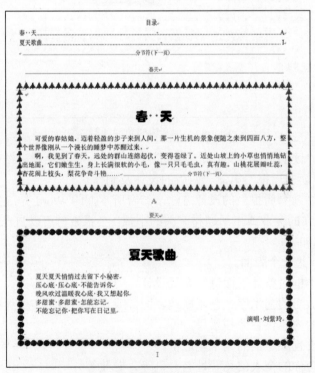

图 6-1　简单文档排版实例效果图

本实例具体要求：目录节无页眉页脚；春天节的页眉为春天，页脚为居中、大写英文字母的页码；夏天节的页眉为夏天，页脚为居中、大写罗马数字的页码；春天节的页面边框图形为松树，大小为 12 磅；夏天节的页面边框图形为苹果，大小为 12 磅；标题 1 样式要求是二号华文琥珀，段落行距 1 行，段前段后 1 行；利用格式刷为春天散文和夏天散文的标题刷标题 1 样式；正文的要求是宋体小四加粗、行距为 1 倍行距，段前段后为 0 行，首行缩进 2 字符；利用格式刷为正文刷正文样式，在目录页生成一级标题目录。

6.1.1 分节

1. 知识准备

（1）显示/隐藏编辑标记。在 Word 文档中有许多非打印字符。所谓非打印字符是指在 Word 文档中显示，但打印时不被打印出来的符号，如空格符、回车符、制表位等。在屏幕上查看或编辑 Word 文档时，利用这些非打印字符可以很容易地看出是否在单词之间添加了多余的空格，或段落是否真正结束等。如果要在 Word 窗口中显示或隐藏非打印字符，可以单击【开始】菜单中的【显示|隐藏编辑标记】按钮 ↙ 。

（2）分隔符。分隔符分为分页符、分栏符、换行符、下一页、连续、偶数页和奇数页。

1）分页符。想把标题放在页首处或是将表格完整地放在一页，只要在分页的地方插入一个分页符就可以了。在 Word 中输入文本时，Word 会按照页面设置中的参数使文字填满一行时自动换行，填满一页后自动分页，叫作自动分页，而分页符则可以使文档从插入分页符的位置强制分页。

若要把两段文本分开在两页显示时，把光标定位到第一段的后面，选择【插入】菜单中的【分隔符】命令打开【分隔符】下拉菜单，选择【分页符】，单击【确定】按钮，在光标处就插入了一个分页符，这两段文本就分在两页显示了。如果不想把这些内容分页显示，把插入的分页符删除就可以了。默认的情况下分页符是不显示的，单击【显示/隐藏编辑标记】按钮，在插入分页符的地方就出现了分页符标记，用鼠标在这一行上单击，按一下 Delete 键，分页符就被删除了。插入分页符的快捷键：Ctrl+回车。

2）分栏符。在设置分栏之后，Word 会在每一栏的下方自动添加一个分栏符。但是如果分栏后的效果不理想（比如两栏不对称），在需要分开的位置插入一个分栏符就可以重新定义分栏的位置。

3）换行符。为了排版的需要会给标题设置一个比较大的段后间距，如果想不使用换行符而把这个标题分成两段，就要重新设置段落的格式。换行符是把文本内容放到了另外的一行中，并没有分段，行与行之间还是只有行距在起作用，这样就不用再设置段落格式了。换行符主要是在要换行但又不想分段的地方使用。

4）下一页。将插入点当前位置后的全部内容移到下一页页面上。

5）连续。对当前位置以后的内容进行新的设置安排，但其内容不转到下一页，而是从当前空白处开始。单栏文档等同于分段符；对多栏文档而言，可保证分节符前后两部分的内容按多栏方式正确排版。

6）偶数页。插入点当前位置以后的内容将会转换到下一个偶数页上，Word 会自动在偶数页之间产生一个空白页。

7）奇数页。插入点当前位置以后的内容将会转换到下一个奇数页上，Word 会自动在奇数页之间产生一个空白页。

2. 文档分节

文档分节操作步骤如下：

（1）执行【开始】菜单中的【段落】分组中的【显示/隐藏编辑标记】命令，使该命令呈高亮显示，如图所 6-2 所示。

图 6-2　显示编辑标记

（2）将插入点置于"目录"的下一空行，选择【页面布局】菜单中的【分隔符】中的【下一页】命令，此时在目录结尾处出现了分节符（下一页）的标志，"春天"散文将被强制出现在新的一页上。整个文档现在被分成了两节，分别是目录页为一节、目录页后面的页面为一节。

（3）将插入点置于"春天"散文结尾处的下一空行，选择【页面布局】菜单中的【分隔符】中的【下一页】命令，此时在"春天"散文结尾处出现了分节符（下一页）的标志，"夏天"散文将被强制出现在新的一页上。整个文档现在被分成了三节，分别是目录页为一节、"春天"散文为一节、"夏天"散文为一节，分节效果如图 6-3 所示。

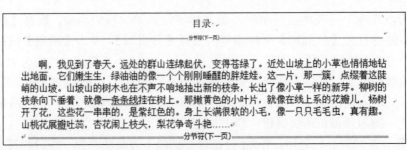

图 6-3　文档分节

6.1.2　制作页眉页脚、页面边框和插入页码

（1）为"春天"散文这一节制作页眉和页脚的操作步骤如下：

1）将插入点定位到"春天"散文这一节，选择【页面布局】菜单中的【页面背景】中的【页面边框】命令，设置"春天"散文这一节的【页面边框】为艺术边框（松树型），【宽度】为 12 磅，应用于本节，设置界面如图 6-4 所示。

2）将插入点定位到"春天"散文这一节，选择【插入】菜单中的【页眉和页脚】中的【编辑页眉】命令，进入页眉和页脚的编辑状态。选择【页眉和页脚工具/设计】菜单中的【导航】功能组中的【链接到前一条页眉】命令，使其成为灰色不可用状态，如图 6-5 所示，然后在"春天"散文这一节的【页眉】编辑区输入"春天"两字。

提示：如果取消【链接到前一条页眉】命令，可以为当前节和上一节设置不同的页眉和页脚格式；如果不取消该命令，则当前节和上一节的页眉和页脚格式就相同。

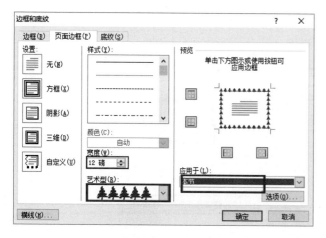

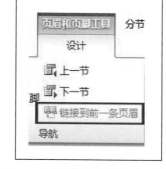

图 6-4 设置"春天"节的【页面边框】   图 6-5 取消【链接到前一条页眉】

（2）为"春天"散文插入页码，页码格式为 A、B、C、…，起始页码为 A，页码位于页面底端居中显示，操作步骤如下：

1）选择【转入页脚】命令，进入到"春天"节的页脚编辑，单击【页眉和页脚工具/设计】菜单中的【导航】功能组中的【链接到前一条页眉】项，使其成为灰色不可用状态。

2）选择【页眉和页脚工具】菜单中的【页眉和页脚】中的【页码】命令，从下拉列表框中选择【设置页码格式…】选项，在弹出的对话框中进行页码格式设置，如图 6-6 所示，单击【确定】按钮。

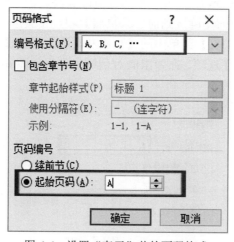

图 6-6 设置"春天"节的页码格式

3）选择【页眉和页脚工具】菜单中的【页眉和页脚】中的【页码】命令，从下拉列表框中选择【页面底端】中的【普通数字 2】选项，即可在页脚居中处插入页码。

（3）为"夏天"散文这一节制作页眉和页脚的操作步骤如下：

1）将插入点定位于"夏天"散文这一节，选择【页面布局】菜单中的【页面背景】中的【页面边框】命令，设置"夏天"散文这一节的【页面边框】为艺术边框（苹果型），【宽度】为 12 磅，应用于本节。"夏天"散文这一节的页面边框设置如图 6-7 所示。

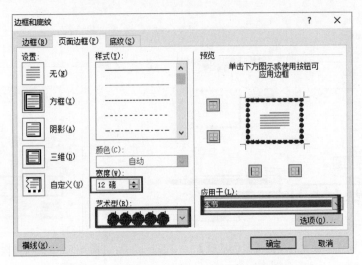

图 6-7　设置"夏天"散文节的【页面边框】

2）选择【插入】菜单中的【页眉和页脚】中的【编辑页眉】命令，进入页眉和页脚的编辑状态，将插入点定位到"夏天"散文这一节的【页眉】编辑区，单击【页眉和页脚工具/设计】菜单中的【导航】功能组中的【链接到前一条页眉】项，使其成为灰色不可用状态，然后在该节页眉中输入"夏天"两字。

（4）为"夏天"散文插入页码，要求页码格式为I、II、III、…，起始页码为I，页码位于页面底端居中显示，操作步骤如下：

1）单击【转入页脚】命令，进入到"夏天"节的页脚编辑，单击【页眉和页脚工具/设计】菜单中的【导航】功能组中的【链接到前一条页眉】项，使其成为灰色不可用状态。

2）选择【页眉和页脚工具】菜单中的【页眉和页脚】中的【页码】命令，在其下拉列表框中选择【设置页码格式…】选项，在弹出的对话框中进行如图 6-8 所示的设置，单击【确定】按钮。

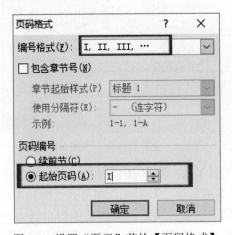

图 6-8　设置"夏天"节的【页码格式】

3）选择【页眉和页脚工具】菜单中的【页眉和页脚】中的【页码】命令，从下拉列表框中选择【页面底端】中的【普通数字 2】选项，即可插入页码。

6.1.3　创建标题样式

在编辑文档时，由于修改相同类型文本的次数比较多，如果逐个设置会很麻烦，虽然用"格式刷"能提高效率，但"格式刷"中的格式不能保存，所以文档关闭后，想增加标题仍要重新设置。Word 中提供了"样式"功能，设置了一个样式后可以直接应用，还可永久保存。这样同一级的文本应用同一种样式的文本，修改时更改这种样式就相当于更改每一个文本的内容。

在本例中，为了配合目录的制作，需将标题应用"标题 1"的级别样式，并且为了区分标题与正文内容的格式，还要统一修改标题的文本和段落格式。下面将本文档中的标题样式进行修改。

修改"标题 1 样式"的操作步骤如下：

（1）单击【开始】菜单中的【样式】右下角的对话框按钮，打开【样式】对话框，效果如图 6-9 所示。

图 6-9　【样式】对话框

（2）将鼠标指针移到"标题 1"处，单击右边的下拉按钮，从弹出的下拉菜单中选择【修改】命令，打开【修改样式】对话框，进行如图 6-10 所示的设置。

图 6-10　【修改样式】对话框

（3）通过【修改样式】对话框，为"标题 1"样式设置相应的参数。在本文中对标题 1 样式的字体格式要求为二号华文琥珀，可直接在修改样式对话框内实现更改。对标题 1 样式的段落格式要求为单倍行距、段前段后 1 行。单击【格式】按钮，从打开的菜单中选择【段落】命令，在打开的【段落】对话框里设置格式，如图 6-11 所示。

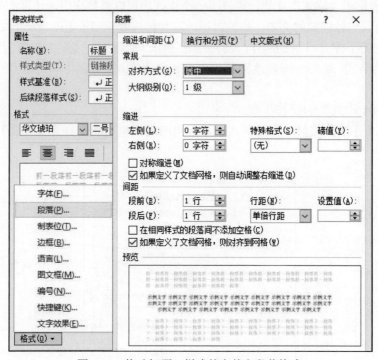

图 6-11　修改标题 1 样式的字体和段落格式

6.1.4　应用样式

应用样式的操作步骤如下：

（1）选中需要设置为标题 1 的文本，例如"春天"散文的标题。

（2）单击【样式】窗格中的"标题 1"样式，即为"春天"应用了标题 1 样式。同样为"夏天"标题应用标题 1 样式。

（3）本实例正文样式的格式：宋体小四号、单倍行距、首行缩进。用同样的方法，设置正文样式，并为"春天"和"夏天"散文的正文应用此正文样式。

6.1.5　目录制作

当整篇文档的标题、正文格式等设置完成后，就可以插入目录了。此时自动插入目录将会非常的简单。

目录制作步骤如下：

将插入点定位在需要创建文栏目录的位置，选择【引用】菜单中的【目录】功能组中的【插入目录】命令打开【目录】对话框，选中【目录】选项卡，将【显示级别】设置为 1，单击【确定】按钮，如图 6-12 所示。

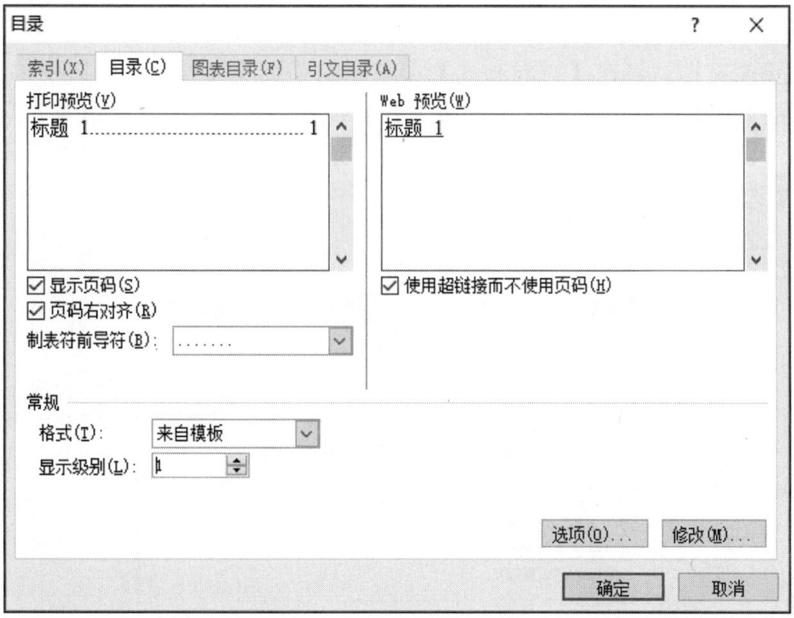

图 6-12 【目录】对话框

6.2 论文排版实例制作

毕业论文是每个大学生毕业前都要完成的一个学习任务。大学生撰写毕业论文的目的主要有两个方面：一是对学生的知识与能力进行一次全面的考核；二是对学生进行科学研究基本功的训练，培养学生综合运用所学知识独立地分析问题和解决问题的能力。但论文的排版是很多人头疼的问题，尤其是论文需要多次修改时更加令人头疼。本节将提供一些论文排版的技巧，使论文排版更加方便和轻松，使同学们把更多的精力放在论文的内容上而不是文字的编排上。这些技巧不只在论文写作中可以使用，在编写其他长文档时也同样适用。

毕业论文通常由题目、摘要、目录、绪论、正文、结论、参考文献等部分组成。毕业论文的排版是 Word 排版里比较复杂的一个应用。毕业论文的文档长且各部分内容格式复杂，需要用到很多命令，如样式的修改和应用、多级符号的应用、图表的自动编号、分节符的插入、目录的自动生成等。本节通过毕业论文排版实例，可掌握页面设置、标题样式的创建和应用、多级符号的使用、图表的自动编号、分节符的插入、页眉页脚的设置、目录的生成等 Word 基本操作。

制作要求：

使用 16 开纸，每页打印 30 行，每行 40 个汉字；有封面和目录，并且封面没有页码，目录的页码要求是大写的罗马数字，目录之后为第 1 页；除封面和目录外，每节的页眉奇偶页不同；页码在页面底端的居中位置显示，单页打印。

6.2.1 设置页面

毕业论文的撰写规范通常会规定页边距、装订线、纸向、纸型、页眉和页脚、页脚距边界距以及文章的行间距等，这些都是在【页眉设置】中设置的。

页面设置的步骤如下：

打开毕业论文文档后，在【页面布局】菜单中的【页面设置】功能组中单击右下角的按钮 打开【页面设置】对话框。单击【页边距】选项卡，设置上下页边距为 2.5 厘米，左右页边距为 2 厘米，设置【纸张方向】为纵向，选择【纸张】选项卡，设置纸张大小为 16 开，选择【文档网格】选项卡，设置每页 30 行，每行 40 个字符，其他设置保持默认值，单击【确定】按钮完成页面设置，如图 6-13 所示。

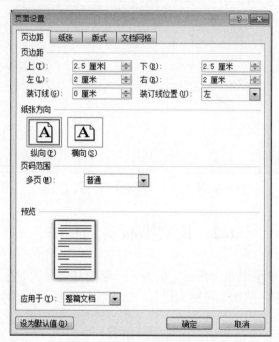

图 6-13　【页面设置】对话框

6.2.2　创建标题样式

毕业论文标题和正文格式要求见表 6-1。

表 6-1　毕业论文标题和正文格式要求

名称	字体	字号	对齐方式/缩进	间距
标题 1	黑体	三号	居中	单倍行距，段前段后 1 倍行距
标题 2	黑体	小三号	左对齐	单倍行距，段前段后 0.5 倍行距
标题 3	黑体	四号	左对齐	单倍行距，段前段后 0.5 倍行距
正文	宋体	五号	首行缩进两个字符	单倍行距，段前段后 0 间距

标题层次如图 6-14 所示。

创建"标题 1 样式"的操作步骤如下：

（1）单击【开始】菜单中的【样式】组右下角的对话框按钮，打开【样式】对话框，如图 6-15 所示。

图 6-14 标题层次

图 6-15 【样式】对话框

（2）将鼠标指针移到"标题 1"处，单击其右边的下拉按钮，在弹出的下拉菜单中选择【修改】命令打开【修改样式】对话框，如图 6-16 所示。

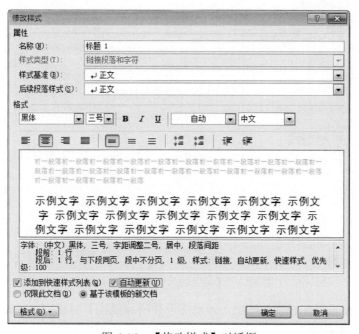

图 6-16 【修改样式】对话框

（3）通过图 6-16 所示的【修改样式】对话框，按照表 6-1 的要求，为"标题 1"格式设置相应的参数。在本文中对标题 1 的文字格式要求为三号黑体，可直接在修改样式对话框内进行更改。标题 1 的段落格式要求为单倍行距，段前段后 1 倍行距。单击【修改样式】对话框左下角的【格式】按钮进行进一步的修改。

（4）用同样的方法在样式窗口中找到标题 2、标题 3、正文样式，分别按表 6-1 的要求对其进行样式格式的修改。

6.2.3 使用多级符号

标题是论文的眉目，应该简明扼要，层次结构清晰。例如，第一级标题为小写阿拉伯数字，第 1 章、第 2 章、第 3 章等，第二级标题为 1.1、1.2、1.3 等，第三级标题为 1.1.1、1.1.2、1.1.3 等，如图 6-14 所示。

若要在标题的前面自动生成章节号，比如第 1 章，1.1 等，需要进行多级符号的相关操作。

使用多级符号的操作步骤如下：

（1）单击【开始】中的【段落】功能组中的【多级列表】按钮，选择【定义新的多级列表】选项。

（2）打开【定义新多级列表】对话框，单击左下角的【更多】按钮。

（3）单击要修改的级别 1，在【将级别链接到样式】下拉列表框中选择"标题 1"样式；在【此级别的编号样式】下拉列表框中选择【1，2，3，…】样式；将【输入编号的格式】设置为"第 1 章"（注意：其中的"第"和"章"是自己输入的，"1"是系统自动设置的，不允许删掉再人工输入，从表现形式看，"第"和"章"文字无底纹，而"1"文字呈现灰色底纹，代表"1"是自动编号的）；将【编号对齐方式】设置为居中对齐。设置界面如图 6-17 所示。

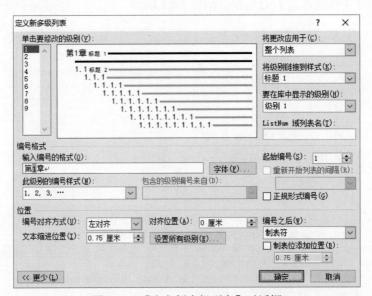

图 6-17　【定义新多级列表】对话框

（4）单击【设置所有级别】按钮，弹出【设置所有级别】对话框，进行如图 6-18 所示的设置，单击【确定】按钮。

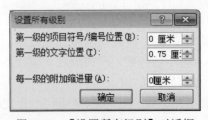

图 6-18　【设置所有级别】对话框

（5）单击要修改的级别 2，在【将级别链接到样式】下拉列表框中选择"标题 2"样式，在【此级别的编号样式】下拉列表框中选择【1，2，3，…】样式，将【编号对齐方式】设置为左对齐，如图 6-19 所示。

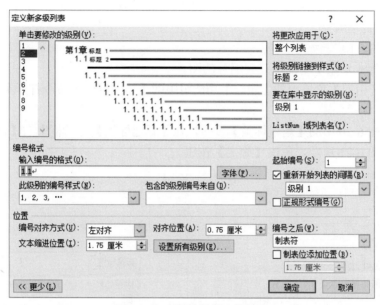

图 6-19　多级符号的二级设置

（6）单击要修改的级别 3，在【将级别链接到样式】下拉列表框中选择"标题 3"样式，在【此级别的编号样式】下拉列表框中选择【1，2，3，…】样式，将【编号对齐方式】设置为左对齐，单击【确定】按钮。

多级符号结合标题样式的设置，使得标题的章节号（即第 1 章、1.1、1.1.1 这些章节号）可由计算机自动生成，也使得后期论文的修改十分方便。例如，在论文中任意位置插入一章或一节的内容，后面的章节号均会自动地更新，无需手动一个一个地去改。手动更改耗时耗力，还容易出错。

6.2.4　应用样式

样式是指用有意义的名称保存的字符格式和段落格式的集合，这样在编排重复格式时，先创建一个该格式的样式，然后在需要的地方应用这种样式，就无需一次次地对它们进行重复的格式化操作了。

应用样式操作步骤如下：
（1）选中需要设置为一级标题的文本，例如，第 1 章的"绪论"2 个字。
（2）单击【样式】窗格中的"标题 1"样式，即为"绪论"应用了标题 1 样式。
（3）用同样的方法，为其他的一级标题、二级标题、三级标题、正文应用对应的样式。

6.2.5　图表自动编号

1. 插入题注
在论文中，图表要求按所在章中出现的顺序分章编号。例如，图 6-1，表示该图是第 6 章的第 1 个图。如果是人工编号，在插入或删除图表时，编号的维护就成为一个大问题。比如若在第 6 章的第 1 个图前插入一张图，则原来的图 6-1 变成图 6-2，图 6-2 变成图 6-3，依次类推。手工修改是一件非常费时费力的事情，而且还容易遗漏。如何能对图表自动编号，在编号改变时自动更新文档中的相应引用呢？Word 的"题注"功能在这里就派上了用场。"题注"功能能够实现对图表的自动编号。

插入题注的操作步骤如下：

（1）选中第 6 章第 1 个需要设置编号的图。

（2）选择【引用】菜单中的【题注】功能组中的【插入题注】命令打开【题注】对话框，如图 6-20 所示。

（3）单击图 6-20 中的【新建标签】按钮，在【新建标签】对话框中的【标签】文本框中输入"图"，如图 6-21 所示，单击【确定】按钮。

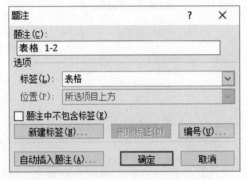

图 6-20　在【题注】对话框中设置题注

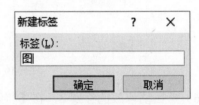

图 6-21　【新建标签】对话框

（4）单击图 6-20 中的【编号】按钮，将【编号】设置为阿拉伯数字，选中【包含章节号】前面的勾选框，如图 6-22 所示，单击【确定】按钮。

（5）返回到【题注】对话框，单击【确定】按钮，图编号就出现在该图的下一行。

（6）在图的编号后输入图的文字说明。

（7）当需要对第 6 章的第 2 个图加题注的时候，只需选中该图，选择【引用】菜单中的【题注】功能组中的【插入题注】命令，打开【题注】对话框，无需修改该对话框内容，直接单击【确定】按钮，这样，第 2 个图的题注会自动出现在图的下一行，再手工输入图的文字说明，如图 6-23 所示。

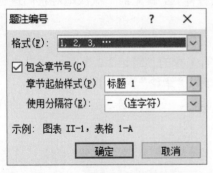

图 6-22　【题注编号】对话框

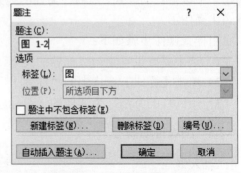

图 6-23　为第 2 个图插入题注

注意： 题注中新建标签时，Word 会自动在标签文字和序号之间加一个空格，可以在插入题注后将空格删除，然后再将文字做成标签。

2. 交叉引用

交叉引用的操作步骤如下：

（1）制作书签。例如为图 6-1 所示的图制作书签，首先，选中题注中的文字"图 6-1"，选择【插入】中的【链接】中的【书签】命令，在【书签名】文本框中输入"图六杠一页面设置"（注意：不能有"数字""点"和"空格"，否则无法添加书签），单击【添加】按钮，就把题注文字"图 6-1"做成了一个书签。用同样的方法制作其他书签。

（2）引用书签。将插入点定位在要插入书签的地方，如"如"字后面，选择【插入】菜单中的【交叉引用】命令弹出【交叉引用】对话框，如图 6-24 所示。在【引用类型】下拉列表框中选择"书签"、在【引用内容】下拉列表框中选择"书签文字"，选择刚才键入的书签名"图六杠一页面设置"，单击【插入】按钮，就可将文字"图 6-1"插入到光标所在的位置。在其他位置需要再次引用该书签时，直接插入该书签的交叉引用就可以了。

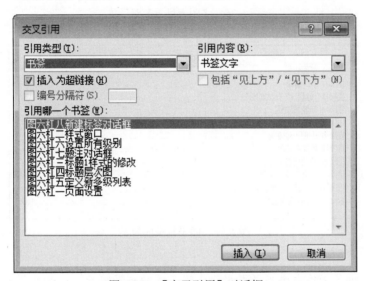

图 6-24　【交叉引用】对话框

6.2.6　创建图表的目录

根据论文排版要求，论文一般需要在文档末尾列一个图表的目录。

创建图表目录的操作步骤如下：

（1）将插入点定位在需要创建图表目录的位置。

（2）选择【引用】菜单中的【题注】中的【插入表目录】命令，打开【图表目录】对话框。

（3）选择【图表目录】选项卡，在【题注标签】下拉列表框中选择要创建索引的内容对应的题注"图 6-"，如图 6-25 所示。

（4）单击【确定】按钮完成图表目录的创建，生成的图表目录的效果如图 6-26 所示。

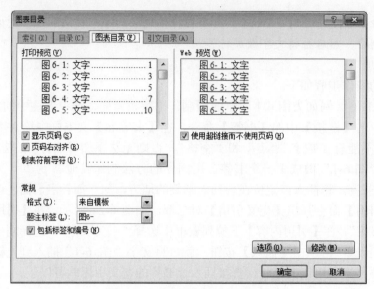

图 6-25　【图表目录】对话框

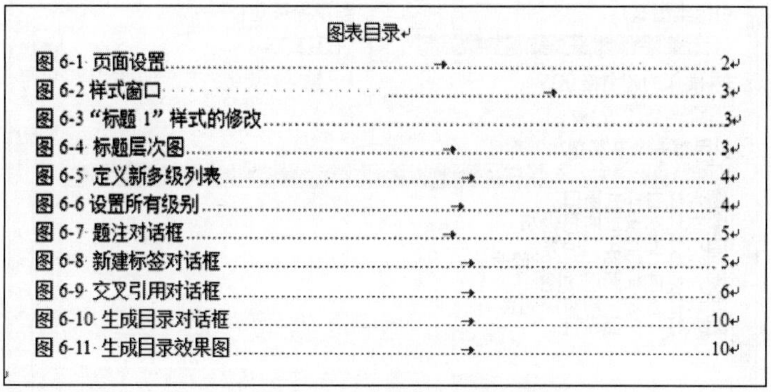

图 6-26　图表目录的效果

注意：

（1）将图的编号制作成书签并引用，实现了图的自动编号。比如在第 6 章第 1 个图前再插入一张图后，Word 会自动把原来的第 1 个图的题注 "图 6-1" 改为 "图 6-2"。

（2）图的编号改变时，文档中的引用有时不会自动更新，可以鼠标右击引用文字，从弹出的菜单中选择 "更新域"。

（3）表格编号需要插入题注，可以选中整个表格后右击鼠标，选择【题注】命令。但要注意表格的题注是在表格上方。

6.2.7　插入分节符

节是一段连续的文档块，同节的页面拥有同样的边距、纸型或方向、打印机纸张来源、页面边框、垂直对齐方式、页眉页脚、分栏、页码编排、行号等。如果没有插入分节符，Word 默认一个文档只有一个节，所有页面都属于这个节。若想对论文设置不同的页眉页脚，必须将文档分成多个节。

本论文实例一共有 3 章，需要插入 5 个分节符，封面为第 1 节，摘要页为第 2 节，目录页为第 3 节，第 1 章为第 4 节，第 2 章为第 5 节，第 3 章为第 6 节。

插入的分节符类型：封面、摘要页和目录这 3 节的内容结尾处分别插入【奇数页】分节符；第 1 章和第 2 章结尾处插入【下一页】分节符。

插入分节符的操作步骤如下：

（1）首先，单击【开始】菜单中的【段落】功能组中的【显示/隐藏编辑标记】按钮，使该标记高亮显示，插入的分节符才能显示在文档中。

（2）在封面内容的结尾处，单击【页面布局】菜单中的【页面设置】功能组中的【分隔符】下拉按钮，选择【分节符】类中的【奇数页】命令，完成第 1 节的插入，如图 6-27 所示。注意：当插入一个分隔符，下一页会多出一个无用的空行，删除此空行即可。

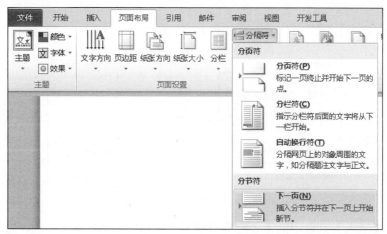

图 6-27　分节符的插入

（3）在摘要内容的结尾处，单击【页面布局】菜单中的【页面设置】功能组中的【分隔符】下拉按钮，选择【分节符】类中的【奇数页】命令，完成第 2 节的插入。

（4）在目录内容的结尾处，单击【页面布局】菜单中的【页面设置】功能组中的【分隔符】下拉按钮，选择【分节符】类中的【奇数页】命令，完成第 3 节的插入。

（5）在论文第 1 章内容的结尾处，单击【页面布局】菜单中的【页面设置】功能组中的【分隔符】下拉按钮，选择【分节符】类中的【下一页】命令，完成第 4 节的插入。

（6）同样，在第 2 章内容的结尾处，插入【下一页】分节符。这样，就把论文分成了可以设置不同页眉页脚的 6 节。

6.2.8　设置页眉页脚

1. 页眉设置

按照论文页眉的格式设置要求，封面、摘要以及目录不设置页眉，论文主体均按如下设置：奇数页设置为"茂名职业技术学院毕业论文"，偶数页设置为"第*章　章题目"，即要求奇偶页的页眉不同。

设置奇偶页页眉不同的操作步骤如下：

（1）单击【页面布局】菜单中的【页面设置】功能组右下角的按钮，从打开的【页面设置】对话框中选择【版式】选项卡，在【页眉和页脚】选项区中将【奇偶页不同】复选框选中，在【预览】区域中，从【应用于】下拉列表框中选择【整篇文档】（系统默认），如图 6-28 所示。设置完成后，每节论文的奇偶页页眉就不同了。

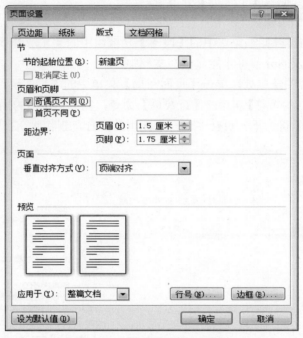

图 6-28　【页面设置】对话框

（2）单击【插入】菜单中的【页眉和页脚】功能组中的【页眉】按钮，选择【编辑页眉】命令，进入页眉的编辑状态，如图 6-29 所示。将插入点定位到首页的【页眉】编辑区，也就是封面的【页眉】编辑区。单击【页眉和页脚工具/设计】菜单中的【导航】功能组中的【链接到前一条页眉】项，使其成为不可用状态。

图 6-29　页眉编辑状态

（3）用同样的方法，将所有节的【链接到前一条页眉】命令都设置成为不可用状态。

（4）依次为每章的奇数页页眉输入"茂名职业技术学院毕业论文"文字，为每章的偶数页页眉输入"第*章　章标题"。

2. 页脚设置

按照论文页脚的格式设置要求，封面首页、摘要不能出现页码，目录的页脚为居中、连续的大写罗马数字页码，正文及其以后的部分的页脚为居中、连续的阿拉伯数字页码。

设置页脚的操作步骤如下：

（1）单击【插入】菜单中的【页眉和页脚】功能组中的【页脚】按钮，选择【编辑页脚】命令进入到【页脚】的编辑状态。将插入定位到摘要页的页脚，在【页眉和页脚工具/设计】菜单中单击【链接到前一条页眉】项，使该命令呈灰色显示，即为不可使用状态。这样，为摘要设置页脚页码不至于影响到前面一节（封面这一节）的页脚页码。

（2）将插入点定位到目录页的第1页的页脚，在【页眉和页脚工具/设计】菜单中单击【链接到前一条页眉】项，使该命令呈灰色显示，即为不可使用状态。单击【页眉页脚工具/设计】菜单中的【页码】按钮，选择【设置页码格式】命令，打开【页码格式】对话框，由于目录的页码要求使用罗马字母，所以在【编码格式】下拉列表中选择罗马字母"I，II，III…"。由于目录页码是从"I"开始的，所以应该选中【起始页码】单选按钮，使"I"出现在右面的文本框中，如图6-30所示。设置完成，单击【确定】按钮。再单击【页码】按钮，选择【页面底端】选项中的【普通数字2】选项，插入页码"I"成功。接着设置页码的字体格式，选择【开始】菜单命令设置页码字体为宋体，5号字，居中。

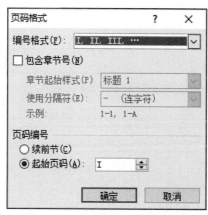

图6-30　目录页脚编辑状态1

（3）将插入点定位到目录页的第2页的页脚，单击【页码】按钮，选择【页码底端】选项中的【普通数字2】选项，插入页码成功。接着设置页码的格式，选择【开始】菜单命令设置页码字体为宋体，5号字，居中。

（4）为正文奇数页设置页码1、3、5、7等，参照步骤（2）。

（5）为正文偶数页设置页码2、4、6、8等，参照步骤（3）。

至此，论文的插入页码操作全部完成。

6.2.9　目录制作

将插入点定位在需要创建论文目录的位置，选择【引用】菜单中的【目录】功能组中的【插入目录】命令，打开【目录】对话框，选中【目录】选项卡，将【显示级别】设置为3，如图6-31所示，单击【确定】按钮，生成的目录效果如图6-32所示。

注意：目录生成后有时会有灰色的底纹，这是Word的域底纹，打印时是不会打印出来的。如果不希望目录有底纹，可以通过在Word选项中进行设置，方法如下：打开【文件】菜单中的【选项】对话框，在【高级】选项卡中的【显示文档内容】分类中，通过对【域底纹】选项"显示"/"不显示"设置来实现目录底纹的显示效果。

目录除了是一个检索工具外，还具有超链接功能。当读者按住【Ctrl】键的同时，将鼠标指针移到需要查看的标题上时，鼠标指针将会变成小手状，此时单击，系统会自动跳转到指定的文本位置。从这个意义上来讲，目录也起到了导航条的作用。

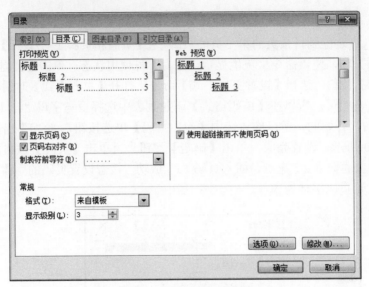

图 6-31 【目录】对话框

第一章 绪论......1

1.1 开发背景......1

1.2 网站制作背景......1

1.3 开发工具的选用与介绍......2

1.3.1 Dreamweaver 软件简介......2

1.3.2 FLASH 软件简介......3

第二章 网站的分析与布局......5

2.1 网站的色彩分析......5

2.2 网站的内容分析与布局......5

第三章 网站界面的前台......8

3.1 网站前台展示......8

第四章 网站测试与上传......13

4.1 网站运行环境的测试......13

4.2 网站上传......13

第五章 总结......15

第六章 致谢......16

第七章 参考文献......17

图 6-32 生成的目录效果

当文章增删或修改内容时，会造成页码或标题发生变化，不必手动修改页码，只要在目录区鼠标右击，从弹出的菜单中选择【更新域】命令，然后在打开的【更新目录】对话框中，根据需要选择【只更新页码】命令或【更新整个目录】命令（选择此项，则当修改、增删标题时，不仅页码更新，目录内容也会随着文章的变化而变化），最后单击【确定】按钮即可。

如果在【Word】选项对话框中显示的选项卡中勾选【打印前更新域】复选框，则系统会在每次打印时自动更新域，以保证输出的正确。

6.2.10 导航窗格的使用

导航窗格是 Office 2010 新增的一项功能，它是默认显示在文档编辑区左边的一个独立的窗格。它融合了低版本中的文档结构图、文本查找、缩略图等功能，能够分级显示文档的标题列表并对整个文档快速浏览，还可以在文档中进行高级查找。

单击【视图】菜单中的【显示】功能组中的【导航】选项，打开导航任务窗格。导航窗格分为三部分：浏览文档标题、浏览页面和浏览当前搜索的结果。

当处于浏览文档标题的状态时，可以单击标题左边的收缩/展开按钮进行展开和折叠标题的列表，在文档标题列表中单击任一个标题，右边的编辑区就会显示相应的文档内容。

若在文档中查找某一文本对象，则在【搜索文档】文本框中输入内容，按回车键，搜索后的内容即可在文档中以彩色底纹显示。另外还可以在文档中搜索图片、公式、脚注/尾注、表格和批注等。

关闭导航窗格只需单击【视图】菜单中的【显示】功能组中的【导航】选项，或者直接单击导航窗格上的关闭按钮即可。

6.3 实例小结

本章学习了论文排版，对样式设置和样式使用、多级符号的设置、节的插入、页眉页脚奇偶页不同的设置、自动插入题注、自动插入目录等这些 Word 操作有了深入的了解和掌握。论文排版过程中需注意如下几个事项。

（1）在排版初期，最重要的是用好样式，设置 4 种基本样式：正文，标题 1，标题 2，标题 3。

（2）在排版初期，需要打开辅助工具，单击【开始】菜单中的【显示/隐藏编辑标记】按钮。

（3）注意首先全选整个论文的文本（可按 Ctrl+A 组合键全选），应用"正文"样式，再逐步使用"标题 1"等其他样式。

（4）将封面、摘要部分复制粘贴到论文开头，并单独分为一节。适当调整封面部分内容。封面、任务书部分无页眉页脚，正文部分奇偶页的页眉页脚不同。

（5）自动提取论文目录，要求生成 3 级目录。步骤：在保证文档结构图结构层次正确的前提下，将插入点定位在"封面部分"的结尾，单击【插入】/【引用】菜单中的【索引和目录】按钮，在【目录】中设置。

（6）插入页码。所有页码都放在页脚处，居中显示。封面为第 1 节，无页码；摘要为第 2 节；"目录"部分为第 3 节，页码格式为Ⅰ、Ⅱ、Ⅲ…；正文从第 4 节开始，页码格式为 1、2、3…，从 1 开始编号。

（7）插入页眉文字。封面、任务书页上无页眉，其他页面上偶数页页眉写学校名"茂名职业技术学院"，奇数页写"第*章 章标题"，页眉文字居中显示。

（8）奇数偶数页都断开链接。奇数页页眉写上章节名（本步骤易出错，可能要反复设置和修改，需要有一定的耐心）。

（9）检查整理。分节后，检查页眉页脚页码设置是否正确，目录是否需要更新。

6.4　拓展练习

为论文 1.docx 进行排版，具体要求如下：

1. 毕业论文（设计）撰写的内容与格式要求

一份完整的毕业论文（设计）应包括以下几方面，按顺序依次为：

A. 封面；B. 毕业设计（论文）任务书；C. 摘要；D. 目录；E. 正文；F. 总结；G. 致谢；H. 参考文献。

（1）标题。要求简明扼要，有概括性，通过标题概括说明毕业论文（设计）的主要内容。字数一般不宜超过 20 个汉字。

（2）毕业设计（论文）任务书。任务书由指导教师填写，经学科部（系或教研室）主任签字后生效。

（3）摘要。摘要应概括研究课题的内容、方法和观点，以及取得的成果和结论，应能反映设计（论文）的精华。中英文摘要以 300～500 字为宜，包括论文题目、论文摘要、关键词（3～5 个）。撰写摘要时应注意语言精炼、概括，陈述客观，不加主观评价。

（4）目录。目录按三级标题编写（即 1 ……、1.1 ……、1.1.1 ……），要求标题层次清晰。主要包括绪论、正文、结论、致谢及主要参考文献等。

（5）正文。正文是对研究工作的详细论述，是全文的主体。

（6）结论。结论是对整个研究工作进行的归纳和总结，还应包括所得结论与前人结论的比较和本课题尚存在的问题，以及进一步开展研究的意义。结论集中反映作者的研究成果，表达作者对所研究课题的见解，是全文的精髓，要写得概括、简短。

（7）致谢。致谢应以简短的文字对课题研究与论文撰写过程中曾给予帮助的人员表示自己的谢意。

（8）参考文献。参考文献是毕业论文不可缺少的组成部分。它反映论文的取材来源、引用材料的广博程度和材料的可靠程度。一般论文的参考文献应列入引用的主要中外文献。

2. 毕业论文（设计）的书写格式和版面要求

（1）整体打印设置。打印中文用宋体，英文用 Times New Roman 字体，上页边距为 2.5cm，下页边距为 2cm，左页边距为 2.5cm，右页边距为 2cm。

（2）封面。论文封面的标题用黑体二号字；姓名及单位用黑体三号字。

（3）目录。一级标题选用四号字、黑体，二、三级标题选用小四号字、宋体。

（4）摘要、关键词。"摘要"两个字选用小二号字、黑体；摘要内容选用小四号字、宋体，首行缩进 2 个字符。"关键词"三个字选用黑体、小四号字，顶格写；关键词内容选用小四号字、宋体；关键词各词之间用";"隔开。

（5）正文。每一章另起一页。标题编写方法应采用分级阿拉伯数字编号方法。第一级标题为阿拉伯数字 1、2、3 等，第二级标题为 2.1、2.2、2.3 等，第三级标题为 2.2.1、2.2.2、2.2.3 等，正文标题格式示例见下面的【附录】。

第一级标题居中放置，题序和标题之间空两个字符，用小二号黑体字，上下各空一倍行距。

第二级标题居中放置，题序和标题之间空一个字符，用小三号黑体字，上下各空一倍行距。

第三级标题顶格书写，题序和标题之间空一个字符，用四号黑体字，前空 0.5 倍行距，后空 0 行。

第四级标题首行缩进两个字符，用小四号黑体字，用 1.1.1.1……来表示，前空 0.5 倍行距，后空 0 行距。

【附录】

1　绪论

1.1　课题背景

- - - - - - - - - - - - - - - -（内容省略）- - - - - - - - - - - - - - -

1.2　课题研究意义和内容

- - - - - - - - - - - - - - - -（内容省略）- - - - - - - - - - - - - - -

1.2.1　课题研究意义

- - - - - - - - - - - - - - - -（内容省略）- - - - - - - - - - - - - - -

1.2.2　课题研究内容

- - - - - - - - - - - - - - - -（内容省略）- - - - - - - - - - - - - - -

2　网站技术简介

2.1　PHP 技术简介

- - - - - - - - - - - - - - - -（内容省略）- - - - - - - - - - - - - - -

2.2　MYSQL 技术简介

- - - - - - - - - - - - - - - -（内容省略）- - - - - - - - - - - - - - -

（6）数字。毕业设计（论文）中的测量、统计数据一律用阿拉伯数字，叙述中一般不宜用阿拉伯数字。

（7）表格。每个表格应有自己的表序和表题，表序和表题应写在表格上方居中排放，表序后空一格书写表题。表格允许下页续写，续写时表题可省略，但表头应重复，并在表的右上方写明"续表××"。

（8）插图。毕业设计的插图必须精心制作，线条要匀称，图面要整洁美观。每幅插图应有图序和图题，并用五号宋体在图位下方居中处注明，图与图号等应在一页纸上出现。

（9）页眉和页脚。

1）页眉采用下列形式（在页眉页脚设置中选择"奇偶数不同"）：

奇数页：茂名职业技术学院毕业设计（论文）（小五号宋体居中）。

偶数页：第*章　章题目（小五号宋体居中）。

2）页脚。正文及其以后部分的页脚为连续的阿拉伯数字页码，居中对齐。不宜采用分章的非连续页码。摘要部分，无页脚页码。目录部分，页脚为连续的大写罗马数字页码，居中对齐。

（10）参考文献用"文末注"。正文中在引用的地方标号，以出现的先后次序从小到大编号，编号用方括号括起，用上标放在标点符号前，如：[1]、[2]、[3]……。

"参考文献"标题在正文后面空一行，居中，用小四号字、黑体。

参考文献内容另起一行，顶格，用小五号字、宋体排列，按序号一一说明文献出处。格式为：

引用期刊文章格式：

[序号]作者. 文章题名 [J]. 刊名，年，卷（期）：起止页码.

如：[1]戴相龙. 中国金融业在改革中发展 [J]. 中国金融，2001，10：4-5.

引用专著及其他等文献格式：

[序号]作者. 书名 [文献类型标识]. 出版社，出版年，起止页码.

如：[4]钱伯海. 国民经济学 [M]. 中国经济出版社，1992，57-58.

"文献类型标识"为：

专著	期刊	报纸文章	论文集	学位论文	报告
M	J	N	C	D	R

第 7 章　常用办公表格制作

学习目标

- 掌握创建表格
- 掌握合并和拆分单元格
- 掌握输入表格内容和设置文字格式
- 掌握调整行高和列宽
- 掌握美化表格
- 掌握表格标题跨页设置
- 掌握绘制斜线表头
- 掌握利用公式或函数进行计算并排序
- 掌握表格与文本的相互转换

7.1　实例简介

日常生活中会有很多地方用到表格，如课程表、值日表、申请表、登记表等。制作表格的方法有三种：插入表格、绘制表格、快速表格。表格是由若干行和若干列组成，行列的交叉称为“单元格”，单元格中可以插入文字、数字以及图形。

本章用到 5 个实例。第一个实例以制作一个“应聘人员登记表”来讲述利用 Word 2010 制作常用表格的方法。本例将向读者介绍在 Word 2010 中创建表格、合并和拆分单元格、调整行高和列宽、美化表格等方法。“应聘人员登记表”的效果如图 7-1 所示。

<table>
<tr><td>姓　名</td><td></td><td>民族</td><td></td><td rowspan="4">照
片</td></tr>
<tr><td>出生年月</td><td></td><td>性别</td><td></td></tr>
<tr><td>政治面貌</td><td></td><td>身高</td><td></td></tr>
<tr><td>身份证号码</td><td></td><td>专业</td><td></td></tr>
<tr><td>联系方式</td><td></td><td>毕业学校</td><td colspan="2"></td></tr>
<tr><td>个人特长</td><td colspan="4"></td></tr>
<tr><td>应聘部门意见</td><td colspan="4"></td></tr>
<tr><td>人事部意见</td><td colspan="4"></td></tr>
</table>

图 7-1　应聘人员登记表

第二个实例以制作一个"课程表"来讲述利用 Word 绘制斜线表头的方法。"课程表"的效果如图 7-2 所示。

时间		星期一	星期二	星期三	星期四	星期五
上午	1					
	2					
	3					
	4					
下午	5					
	6					

图 7-2　课程表

第三个实例以制作一个"销售情况表"来讲述利用 Word 的公式和函数进行求和、求平均值的计算，并根据数值大小对结果进行排序。"销售情况表"的效果如图 7-3 所示。

姓名	一季度	二季度	三季度	合计	平均值
李亮	2875	2985	2965		
王明	2356	2158	2445		
吴静	3012	2485	2792		
张华	2548	2456	2897		

图 7-3　销售情况表

第四个实例是将表格转换成文字，效果如图 7-4 所示。

	语文	数学	英语	计算机	合计
陈小明	80	90	75	85	
王名杰	75	82	52	80	
李深	76	62	82	90	
黄锦荣	82	72	73	62	

图 7-4　表格转换成文字

第五个实例是将文字转换成表格，效果如图 7-5 所示。

车间	一季度	二季度	三季度	四季度	总计
一车间	20	25	19	15	79
二车间	21	20	18	16	75
三车间	23	19	22	18	82
四车间	19	18	21	20	78

图 7-5　文字转换成表格

7.2 实例制作

7.2.1 创建表格

创建表格操作步骤如下：

（1）执行【插入】菜单中的【表格】功能组中的【插入表格】命令，打开【插入表格】对话框。

（2）在【表格尺寸】区域中的【列数】文本框中输入 5，在【行数】文本框中输入 8，如图 7-6 所示。

图 7-6 【插入表格】对话框

（3）单击【确定】按钮，创建出如图 7-7 所示的 8 行 5 列简单表格。

图 7-7 8 行 5 列简单表格

7.2.2 合并和拆分单元格

合并和拆分单元格操作步骤如下：

（1）在表格中选中需要合并的单元格区域，如第 5 列的中第 1～4 行。

（2）在表格工具【表格工具/布局】菜单中的【合并】功能组中选择【合并单元格】命令（或单击鼠标右键，从弹出的快捷菜单中选择【合并单元格】命令）。

（3）用上述方法，合并第 5 行的后 3 列，合并第 6 行的后 4 列，合并第 7 行的后 4 列，合并第 8 行的后 4 列，合并后的效果如图 7-8 所示。

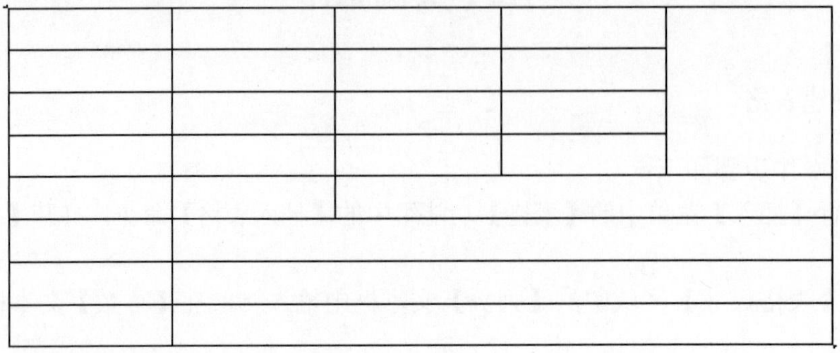

图 7-8　合并单元格

7.2.3　输入表格内容和设置文字格式

按照图 7-1 所示的应聘人员登记表中的内容，在对应的单元格中输入个人信息内容。输入完成后，对文字的格式进行设置，将整个表格的字体设置为微软雅黑、小四号，将第 1 列第 6～8 行的单元格文字方向更改为"纵向"。

7.2.4　调整改变行高和列宽

表格的行高和列宽要求如表 7-1 所列。

表 7-1　行高参数

行号	指定高度
1～5 行	1.2 厘米
6～8 行	5.3 厘米

调整改变行高和列宽的操作步骤如下：

（1）选中第 1～5 行。

（2）在【表格工具/布局】菜单中的【单元格大小】功能组中，设置行高度为 1.2 厘米。

（3）选中第 6～8 行。

（4）在【表格工具/布局】菜单中的【表】功能组中选择【属性】命令（或单击鼠标右键，从弹出的快捷菜单中选择【表格属性】命令），打开【表格属性】对话框。

（5）单击【行】选项卡，设置行高度为 5.3 厘米。

7.2.5　美化表格

美化表格即为文档中的表格设置边框和底纹。具体设置方法如下所述。

（1）设置边框。

1）在【表格工具/布局】菜单中的【表】功能组中，选择【属性】命令打开【表格属性】对话框，在【表格】选项卡中单击【边框和底纹】按钮，打开【边框和底纹】对话框。

2）单击【边框】选项，设置表格的外边框线宽度为 2.25 磅，在【预览】区域中单击外边框应用，设置内边框线宽度为 1 磅，在【预览】区域中单击内边框应用，如图 7-9 所示。

图 7-9　设置外边框和内边框

（2）设置底纹。

1）选中表格的 A 列鼠标右击，从弹出的快捷菜单中选择【表格属性】命令，单击【边框和底纹】按钮，打开【边框和底纹】对话框。

2）单击【底纹】选项卡，设置填充颜色为【其他颜色】，自定义颜色为红色：204、绿色：236、蓝色：255，如图 7-10 所示。

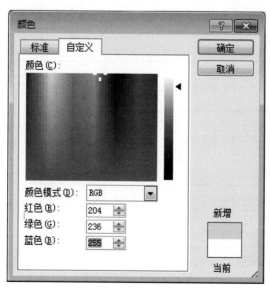

图 7-10　底纹颜色设置

3）用上述方法选择表格第 3 列中的第 1～5 行，设置相同颜色的底纹。

7.2.6 绘制斜线表头

下面以制作课程表为例来介绍斜线表头的绘制。操作步骤如下：

（1）选择【插入】菜单中的【表格】功能组中的【绘制表格】命令，鼠标指针变成铅笔形状，在要插入表格的位置拖动鼠标，“铅笔”随鼠标移动，此时便可以通过拖动的方式来绘制表格。这是整个表格的外框线，外框确定后，就可以在其中通过鼠标绘制出 6 条横线、5 条竖线。绘制完成后，选择【表格工具/设计】菜单中的【绘制表格】命令，使得鼠标成为正常的箭头指针形状。

选定表格的所有单元格（鼠标从左上的第一个单元格选到右下的最后一个单元格或用相反的顺序，也可以将鼠标移到表格左上端外框边缘的移动按钮上单击），在【表格工具/布局】菜单中的【单元格大小】功能组中，单击【分布行】按钮和【分布列】按钮，则表格变成如图 7-11 所示的标准表格。

图 7-11　绘制 7 行 6 列的校准表格

（2）选择【插入】菜单中的【表格】功能组中的【绘制表格】命令，在 A1 单元格中绘制一条斜线，并输入数据，如图 7-12 所示。

<table>
<tr><td colspan="2">星期
时间</td><td>星期一</td><td>星期二</td><td>星期三</td><td>星期四</td><td>星期五</td></tr>
<tr><td rowspan="4">上午</td><td>1</td><td></td><td></td><td></td><td></td><td></td></tr>
<tr><td>2</td><td></td><td></td><td></td><td></td><td></td></tr>
<tr><td>3</td><td></td><td></td><td></td><td></td><td></td></tr>
<tr><td>4</td><td></td><td></td><td></td><td></td><td></td></tr>
<tr><td rowspan="2">下午</td><td>5</td><td></td><td></td><td></td><td></td><td></td></tr>
<tr><td>6</td><td></td><td></td><td></td><td></td><td></td></tr>
</table>

图 7-12　绘制斜线表头

7.2.7 表格标题跨页设置

表格标题跨页设置步骤如下：

（1）打开 Word 2010 文档窗口，制作一个 30 行 5 列的表格，使其横跨两页。

在表格中选中标题行（必须是表格的第一行），在【表格工具/布局】菜单中的【表】功能组中单击【属性】按钮，在打开的【表格属性】对话框中选择【行】选项卡，勾选【在各页顶端以标题行形式重复出现】复选框，单击【确定】按钮，如图7-13所示。

图7-13　表格标题行跨页设置

注意：先选中表格，在【表格工具/布局】菜单中的【数据】功能组中单击【重复标题行】按钮来设置跨页表格标题行重复显示。

如果经过如上设置之后，还是看不到跨页重复标题行的话，那么可能有两种原因：

1）表格没有跨页，因为只有当表格的内容在至少两页内显示的时候，标题行重复才有意义。

2）其实标题行已经重复，只是你的设置使其不能显示。解决方法：选中表格并鼠标右击，在弹出的快捷菜单中选择【属性】选项，选择【表格】选项卡，在【文字环绕】区域中将"环绕"改为"无"即可。

7.2.8　利用公式或函数进行计算并排序

在Word 2010文档中，可以借助 Word 提供的数学公式运算功能对表格中的数据进行数学运算，包括加、减、乘、除以及求和、求平均值等常见运算。用户可以使用运算符号和 Word 提供的函数进行上述运算。

（1）将插入点定位在需要插入表格的位置，单击【插入】菜单中的【表格】按钮，在下拉列表的插入表格栏中，将鼠标指向左上角第一个单元格并移动鼠标，所选的网格变成橙色，当显示为6×5时单击，如图7-14所示，即在光标位置处插入一个6列5行的表格。

（2）输入下述样文中的内容。

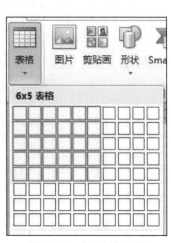

图7-14　【插入】表格

姓名	语文	数学	英语	计算机	总分
李蓓	86	78	82	87	
王梅	81	68	75	86	
张欣	80	83	76	85	
合计					

（3）计算李蓓的总分。操作方法如下：将插入点定位在第 2 行第 6 列单元格，单击【表格工具】菜单栏中的【布局】选项卡，在【数据】功能组中单击【公式】按钮，弹出【公式】对话框，如图 7-15 所示。在公式编辑框中输入计算公式=SUM(LEFT)，单击【确定】按钮，左面 4 列数字之和便显示在该单元格中。

图 7-15 【公式】对话框

（4）分别将插入点定位在总分列中的第 3 行单元格和第 4 行单元格，直接按 F4 键进行求和运算。

（5）将插入点定位在合计行中第 2 列，单击【表格工具】中的【布局】选项卡，在【数据】功能组中单击【公式】按钮，在【公式】对话框中的公式编辑框中输入计算公式=SUM(ABOVE)，如图 7-16 所示，单击【确定】按钮，上面 3 行数字之和的值显示在该单元格中。

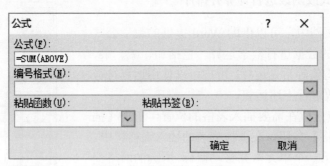

图 7-16 【公式】对话框 2

（6）将插入点定位到合计行中的第 3 列单元格，重复步骤 5，以同样的方法完成合计行中的第 4 列单元格和第 5 列单元格的列数据求和运算。

（7）选中表格的前 4 行，打开【表格工具】中的【布局】选项卡，在【数据】功能组中单击【排序】按钮，弹出【排序】对话框，【主要关键字】项选择总分和降序，【次要关键字】项选择语文和降序，【类型】项均选择为数字，在【列表】区域选择【有标题行】选项，如图7-17所示。单击【确定】按钮，显示表格数据排序结果，如图7-18所示。

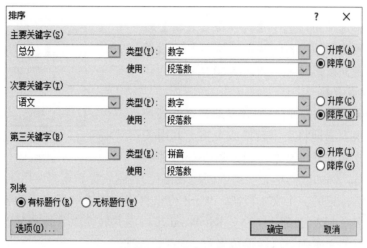

图 7-17 【排序】对话框

姓名	语文	数学	英语	计算机	总分
李蓓	86	78	82	87	333
王梅	81	68	75	86	310
张欣	80	83	76	85	324
合 计	247	229	233	258	967

图 7-18 表格数据排序结果

（8）设置好排序条件，单击【确定】按钮完成排序操作。

7.2.9 表格与文本的转换

1. 表格转换为文本

在Word 2010文档中，用户可以将Word表格中指定单元格或整张表格转换为文本内容（前提是Word表格中含有文本内容）。

表格转换为文本的操作步骤如下：

（1）打开 Word 2010 文档窗口，创建如图 7-19 所示的表格。

车间	一季度	二季度	三季度	四季度	总计
一车间	20	25	19	15	79
二车间	21	20	18	16	75
三车间	23	19	22	18	82
五车间	19	18	21	20	78

图 7-19 车间生产情况表

（2）选中需要转换为文本的单元格。如果需要将整张表格转换为文本，则只需单击表格任意单元格，在【表格工具/布局】菜单中单击【数据】功能组中的【转换为文本】按钮。

（3）在打开的【表格转换成文本】对话框中，选中【制表符】单选按钮（最常用的是【段落标记】和【制表符】两个单选按钮，选中【转换嵌套表格】复选框可以将嵌套表格中的内容同时转换为文本）。设置完毕后单击【确定】按钮即可，如图 7-20 所示。

图 7-20　【表格转换成文本】对话框

2. 文本转换成表格

在 Word 2010 文档中，可以很容易地将表格转换成文本，也可以很容易地将文本转换成表格。其中关键的操作是使用分隔符号将文本合理分隔。Word 能够识别常见的分隔符，例如段落标记（用于创建表格行）、制表符和逗号（用于创建表格列）。例如，对于只有段落标记的多个文本段落，Word 可以将其转换成单列多行的表格；对于同一个文本段落中含有多个制表符或逗号的文本，Word 可以将其转换成单行多列的表格；包括多个段落、多个分隔符的文本则可以转换成多行、多列的表格。

图 7-21 所示是 2016 年期末考试的考试统计文本，其中每一项以制表符断开，下面我们将它转换成表格。

文本转换为表格的操作步骤如下：

在 Word 中打开该文本文档，或者直接输入这些内容，同一行的文字是按 TAB 键作为分隔符号，按回车键作为换行。然后将其全部选中，选择【插入】菜单中的【表格】功能组中的【文本转换成表格】命令弹出【将文本转换成表格】对话框，将列数设置为 6，在【文字分隔位置】栏中选择【制表符】单选按钮，设置如图 7-22 所示。单击【确定】按钮，就生成了 5 行 6 列的表格。转换生成的表格如图 7-23 所示。

姓名	语文	数学	英语	计算机	合计
陈小明	80	90	75	85	
王名杰	76	82	52	80	
李深	76	62	82	90	
黄锦荣	82	72	73	62	

图 7-21　需转换为表格的文本原素材

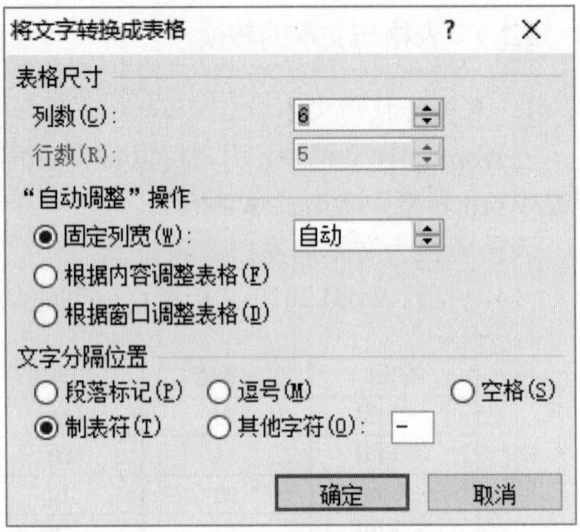

图 7-22　【将文字转换成表格】对话框

姓名	语文	数学	英语	计算机	合计
陈小明	80	90	75	85	
王名杰	76	82	52	80	
李深	76	62	82	90	
黄锦荣	82	72	73	62	

图 7-23　转换生成的表格效果图

7.3　实例小结

Word 2010 提供了强大的表格功能，可以插入规则表格或绘制不规则表格。通过本章的五个实例，读者掌握了在 Word 2010 中创建表格的 3 种方法，并学习了合并和拆分单元格、调整改变行高和列宽、美化表格、绘制斜线表头、表格标题跨页设置以及利用公式或函数进行计算、排序、表格和文本的相互转换等操作。

7.4　拓展练习

（1）根据本章所学知识，利用插入表格的方法制作一个员工转正申请表，效果如图 7-24 所示。

个人资料	姓　名		性别		出生年月		照片
	所属部门		职务		职称		
	入职时间		试用期	从　　至			
	本人述职	申请人签字： 年　月　日					
上级主管		签字：　　年　月　日					
行政人事部		签字：　　年　月　日					
总经理		签字：　　年　月　日					
	根据以上意见，同意试用员工________转为本单位正式员工，执行________工资标准。（注：口享有技能工资 口不享有技能工资） （公章） 年　月　日						

图 7-24　员工转正申请表效果图

（2）根据本章所学知识，利用绘制表格方法制作个人简历表，效果如图 7-25 所示。

姓 名		性 别		出生年月		
籍 贯		民 族		身 高		
专 业		健康状况		政治面貌		
毕业学校				学 历		
邮政编码				身份证号码		
教育情况						
专业特长						
工作经历						
期望月薪	第一年			第二年		
联系方式						

图 7-25　个人简历表效果图

（3）制作一个课程表，效果如图 7-26 所示。

时间＼星期		星期一	星期二	星期三	星期四	星期五
上午	第一节					
	第二节					
	第三节					
	第四节					
下午	第五节					
	第六节					

图 7-26　课程表效果图

要求：表格边框线为 1.5 磅粗实线，颜色为红色；表内线为 0.75 磅细实线，颜色为蓝色；第一行、第五行下框线为 1.5 磅双实线；表格左上角的斜线为 1 磅的实线，颜色为黑色。

（4）参看下列文字完成相应操作。

姓名	数学	外语	政治	语文	平均成绩
王立	98	87	89	87	
李萍	87	78	68	90	
柳万全	90	85	79	89	
顾升泉	95	89	82	93	
周理京	85	87	90	95	

1）将文本转化成表格，自动套用"中等深浅底纹 1，强调文字颜色 3"格式。

2）对表进行如下设置：列宽为 2 厘米，行高为自动设置。

3）计算每位学生的平均成绩，并按平均成绩递减排序。

（5）新建一空白文档，插入一个表格，要求如下：

5 行 7 列表格，设置列宽为 2.4 厘米、行高为 21 磅；表格边框线设置为 1.5 磅粗，细双实线；表内线设置为 0.75 磅细实线；第一行下框线设置为 1.5 磅粗实线；第一列右框线设置为 0.5 磅双细线；表格左上角的单元格中加一条 1.5 磅粗实斜线。

第 2 部分　Excel 软件应用

第 8 章　职工信息表制作

学习目标

● 掌握工作簿的创建与保存
● 掌握单元格数据的录入
● 掌握数据有效性的设置
● 掌握数据表格式的设置
● 掌握数据表排版的打印设置

8.1　实例简介

实际工作中常常会遇到制作职工信息表这类工作，对于初识 Excel 2010 的工作者而言，制作这样一种信息表并不是十分容易的工作。制作这样一种信息表需掌握以下相关基础知识：

（1）创建空白 Excel 表格及保存 Excel 表格。

（2）向空白 Excel 表中录入数据，不同类型的数据录入方式不一样。

（3）基础表格录入完毕后，还要美化表格，设置表格的基本格式，使表格显得整齐美观。

（4）考虑到表格可能需要打印，所以还要对表格做基本的页面设置，以使打印出来的表格完整、清晰、美观。

案例：HR 部门的小刘日前接到公司任务，需要创建公司内部的职工信息表，其制作样板如图 8-1 所示。

员工编号	姓名	部门	性别	学历	工作日期	身份证号	联系电话	工龄(年)
00324618	王应富	机关	男	研究生	1991-8-15	441203199101271525	15917106094	22
00324619	曾冠琛	销售部	女	研究生	1999-9-7	15282219920801002X	15992318091	14
00324620	关俊民	客服中心	女	本科	1999-12-6	440982199006084345	18312624743	14
00324621	曾丝华	客服中心	男	本科	1990-1-16	44090219900413014X	18320687496	23
00324622	王文平	技术部	男	大专	1996-2-10	441426199104223866	13124965625	17
00324623	孙娜	客服中心	男	大专	1996-3-10	441882199209166629	13790900013	17
00324624	丁怡瑾	业务部	男	研究生	1998-4-8	440204199204294223	15119189413	15
00324625	蔡少娜	后勤部	女	研究生	1998-5-8	440804199011200545	15119957674	15
00324626	罗建军	机关	女	本科	1999-6-7	440883199806083512	13426893582	14

图 8-1　职工信息表

8.2　实例制作

下面将从创建工作簿、数据录入、数据有效性设置、单元格格式设置、图片插入、表格美化、冻结窗格、打印设置等多个方面介绍制作职工信息表的基本过程。

8.2.1　新建 Excel 工作簿

下面介绍两种新建 Excel 工作簿的方法。

（1）如果尚未打开任何 Excel 工作簿，可以选择【开始】菜单中的【程序】中的 Microsoft Office 下的 Microsoft Excel 2010 命令，如图 8-2 所示。

图 8-2　由【开始】菜单新建 Excel 工作簿

（2）如果已经有打开的 Excel 工作簿，新建一个 Excel 工作簿则只需在已打开的 Excel 工作簿中选择【文件】菜单中的【新建】命令，选择【空白工作簿】项并单击【创建】按钮，即可创建一个新的空白工作簿，如图 8-3 所示。

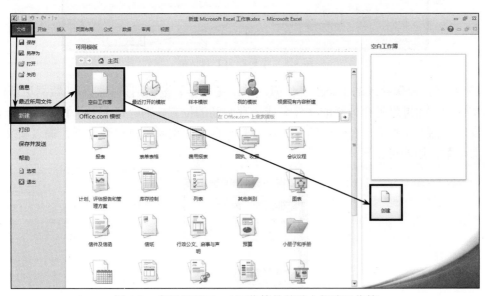

图 8-3　在已打开 Excel 工作簿的基础上新建工作簿

8.2.2 保存 Excel 工作簿

保存 Excel 工作簿有以下两种方法。

（1）对于新建的 Excel 工作簿，直接单击工具栏左上角的【保存】按钮，如图 8-4 所示，弹出【另存为】对话框。在【另存为】对话框中选择文件保存的位置、文件保存的名称，单击【保存】按钮即可保存当前的 Excel 工作簿的所有内容，如图 8-5 所示。即确定保存位置、输入新文件名、单击【保存】按钮即可。

图 8-4　保存 Excel 工作簿

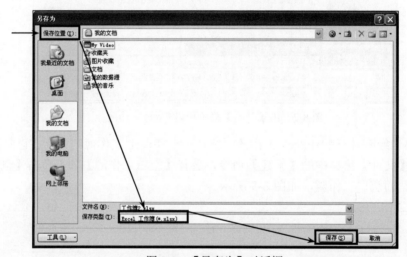

图 8-5　【另存为】对话框

（2）对于已经保存过的 Excel 工作簿，单击【保存】按钮则只是把新的数据更新保存到原来的文件中。如果想另存为新的文件名或另存到新的位置，则选择【文件】菜单中的【另存为】命令，如图 8-6 所示，在弹出的【另存为】对话框中重新定位保存位置、输入新文件名、单击【保存】按钮即可。

图 8-6　【另存为】命令

8.2.3 重命名工作表

补充知识：Excel 新建工作簿时，工作簿默认的名称为 BOOK1，每个工作簿默认有 3 个工作表，分别为 Sheet1、Sheet2、Sheet3，可以在工作簿中增加或删除工作表，重命名工作表，可以通过对工作表名称鼠标右击后，在快捷菜单中进行操作。

把当前的 Excel 工作表重命名为"职工信息表"，步骤如下：

（1）单击工作表名称 Sheet1，从弹出的快捷菜单中选择【重命名】命令，如图 8-7 所示。

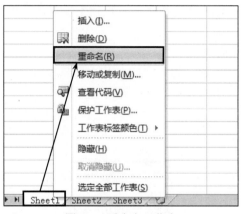

图 8-7　重命名工作表

（2）当工作表名称变成反白显示时，如图 8-8 所示，重新输入工作表名称"职工信息表"，按回车键即可完成对工作表名称的修改，结果如图 8-9 所示。

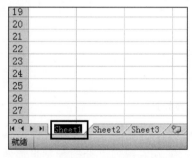

图 8-8　重命名工作表反白显示

图 8-9　重命名工作表名称

提示：单击两次工作表名称，也可以实现对工作表的重新命名。

8.2.4 数据录入

创建并保存好 Excel 工作簿，接着就要为工作表录入数据，Excel 数据录入的步骤如下：

● 选定要录入数据的单元格。
● 输入数据。
● 按下 Enter 键、Tab 键或方向键移动至下一个需要输入数据的单元格。

补充知识：Excel 数据类型包含数字型、日期型、文本型、逻辑型，其中数字型表现形式多样，有货币、小数、百分数、科学计数等多种形式。

职工信息表的数据录入过程如下：

（1）输入文本。

1）字符文本逐字输入，如输入标题内容，如图 8-10 所示。

	A	B	C	D	E	F	G
1					职工基本信息表		
2	员工编号	姓名	部门	性别	学历	工作日期	身份证号

图 8-10　数据表标题

2）数字文本以"'"开头输入（注数字文本是指不参与计算的数字内容如身份证号、电话号码、序号、工号等内容）。

如要输入文本 32，则应输入'32。

对于表标题，单击 A1 单元格，输入"职工基本信息表"，按回车键，定位至 A2 单元格，输入列标题"员工编号"，按 Tab 键定位至单元格 B2，输入内容"姓名"，对于列标题的其他内容均可以用该方式进行输入。此外对于"姓名""部门"数据列的内容，如图 8-11 所示，直接录入即可。

姓名	部门
王应富	机关
曾冠琛	销售部
关俊民	客服中心
曾丝华	客服中心
王文平	技术部
孙娜	客服中心
丁怡瑾	业务部
蔡少娜	后勤部
罗建军	机关
肖羽雅	后勤部
甘晓聪	机关
姜雪	后勤部
郑敏	产品开发部
陈芳芳	销售部
韩世伟	技术部

图 8-11　"姓名""部门"列数据

知识补充：在输入内容时，如果继续向下输入，可以按回车键或向下方向键；如果向右输入内容，可以按下 Tab 键或向右方向键；方向键盘的上下左右键可以分别控制当前活动单元格上下左右移动。

对于数字文本列如身份证号与联系电话的输入，可以有两种处理方式。

- 先输入半角单引号"'"，再输入身份证号 441203199101271525，按回车键即可实现数字型文本的输入。数字型文本单元格左上角的绿色标记表示当前单元格的内容为数值型文本。
- 选择需要输入数字型文本所在的列，如身份证号所在的列 G，单击列标题 G，选中了列 G 的所有内容，单击【开始】菜单中的【单元格】功能组中的【格式】按钮，在下拉列表中选择【设置单元格格式】命令，在弹出的【设置单元格格式】对话框中选择【数字】选项卡，单击【分类】中的【文本】选项，单击【确定】按钮，如图 8-12 所示，即可把身份证号整列设为文本型，然后直接输入身份证号按回车键即可。

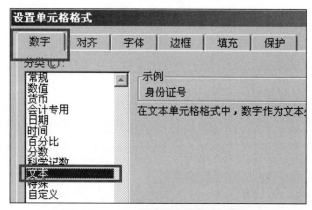

图 8-12 【设置单元格格式】对话框

补充知识：凡是这种不参与计算的数字文本，在未设置任何单元格格式前不能直接输入数据，直接录入数据将会被系统默认为数字型，可能导致部分数据的显示出错。

（2）输入数值。

1）正数的输入：+234，13,333,333，12E3

2）负数的输入：-234，(234)，-12E2

3）分数的输入：0 2/3，0 3/4

4）货币数据的输入：￥123，$21

数值输入与文本输入类似，直接定位单元格进行输入即可，如工作表中的列"工龄（年）"可以直接输入。

知识补充：Excel 的文本默认左对齐，数值默认右对齐。

（3）输入日期。年月日之间直接用"-"或"/"隔开，工作表中输入"工作日期"列的数据，如 1991 年 5 月 3 日可以在录入时输入 1991-5-3 或 1991/5/3，单击回车键即可实现该日期的录入。

（4）连续的编号输入。如"员工编号"列，员工编号是从 00324618 开始至 00324650 结束，每向下一个单元格递增 1，对于这类有规律的序列（如等差或等比性质的数据）应该采用序列填充的方式进行输入，以提高录入速度，操作方法如下：

1）在 A3 单元格中录入"'00324618"，按回车键。

2）单击 A3 单元格，鼠标移动至 A3 右下角填充柄，当指针形状由空心的十字变成实心的十字时，向下拖动 A3 单元格的填充柄，至 A35 单元格结束，即可快速录入所有连续员工编号。

8.2.5 数据有效性设置

"职工信息表"中"性别"列与"学历"列内容数据有一定范围，且范围不大（性别只有男女两种，而学历则只有研究生、本科、大专、中专及中专以下 5 种），为了避免表格在录入过程中出现不规范的数据，可以在这些列设置数据有效性，以采用下拉列表形式进行数据选择，不允许用户录入非法数据。

补充知识：下拉列表选择数据的适用范围，项目个数少而规范的数据，如职称、工种、学历、单位及产品类型等，这类数据适宜采用 Excel 的"数据有效性"检验方式，以下拉列表的方式输入。

"性别"数据有效性设置方法如下：

选择"性别"列数据区域 D3:D35，单击【数据】菜单中的【数据工具】功能组中的【数据有效性】按钮，选择【数据有效性】命令弹出【数据有效性】对话框，如图 8-13 所示。在【有效性条件】区域中，选择【允许】下拉列表框中的【序列】选项，在【来源】下拉列表框中选择"男,女"，对于有效性的来源也可以通过数据表导入的方式进行导入，单击【确定】按钮即可完成数据有效性设置。当在 D3:D35 区域录入数据时，即可看到有下拉框，并有男或女两种选项，如图 8-14 所示，录入性别时，只要在下拉框中选择数据即可。

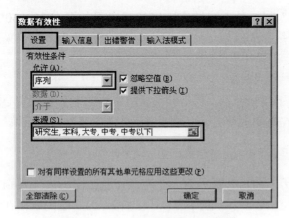

图 8-13　【数据有效性】对话框　　　　　　　　图 8-14　"性别"列数据下拉框

注意： 在来源中输入数据时，各有效值之间必须使用半角逗号进行分隔。

"学历"数据有效性的设置如下：

选择区域 E3:E35，单击【数据】菜单中的【数据工具】功能组中的【数据有效性】按钮，选择【数据有效性】命令设置数据有效性，如图 8-15 所示，结果如图 8-16 所示。录入学历时从下拉框中选择即可。

图 8-15　"学历"数据有效性设置　　　　　　　图 8-16　"学历"列数据下拉框

补充知识： Excel 2010 数据有效性操作的其他知识点介绍如下。

Excel 强大的制表功能给我们的工作带来了方便，但是在对表格数据录入过程中难免会出错，一不小心就会录入一些错误的数据，比如重复的身份证号码，超出范围的无效数据等。其实，只要合理设置数据有效性规则，就可以避免错误。下面将介绍避免录入重复值的设置。

实例：避免录入重复数据。

身份证号码、工作证编号等个人 ID 都是唯一的，不允许重复。如果在 Excel 表中录入重复的 ID，就会给信息管理带来不便。可以通过设置数据有效性，避免录入重复的数据。

设置过程如下：

（1）打开"职工信息表"工作簿，选中需要录入数据的列（如 G 列），选择【数据】菜单，单击【数据有效性】按钮，选择【数据有效性】命令弹出【数据有效性】对话框，单击【设置】选项卡，在【允许】下拉列表框中选择【自定义】选项，在【公式】文本框中输入"=COUNTIF(G:G,G10)=1"（在英文半角状态下输入），如图 8-17 所示。

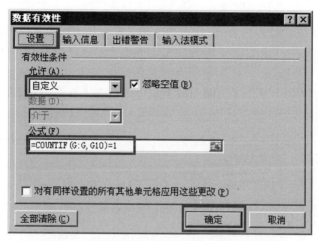

图 8-17　避免重复输入数据的有效性条件设置

（2）单击【出错警告】选项卡，如图 8-18 所示，选择警告信息的样式，填写标题和错误信息，如图 8-18 所示，单击【确定】按钮，完成数据有效性的设置。

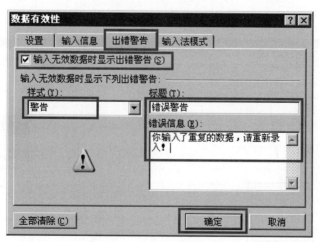

图 8-18　设置出错警告信息

如此，在【身份证号】列中输入身份证等信息，当输入的信息重复时，Excel 立刻弹出错误警告，提示输入有误，如图 8-19 所示，只要单击【否】按钮，关闭提示消息框，重新输入正确的数据，就可以避免录入重复的数据。

图 8-19　弹出错误警告

以上通过两个实例讲解了 Excel 2010 数据有效性的作用。其实，这只是冰山一角，数据有效性还有很多其他方面的应用，有待读者在实际使用过程中去发掘。

8.2.6　图片插入

为 Excel 2010 添加背景图片，让工作不再无趣。在使用 Excel 表格时，有时会对表格从没有变化过的白底背景产生一定的审美疲劳，常常感慨为什么不能多一点新意呢。其实可以为 Excel 表格添加背景，让 Excel 表格焕发活力。具体操作步骤如下：

（1）启动 Excel 2010，单击【页面布局】菜单项，在【页面设置】功能组中单击【背景】按钮，如图 8-20 所示。

图 8-20　【背景】按钮

（2）弹出【工作表背景】对话框，从本地磁盘中选择自己喜欢的图片，单击【插入】按钮，如图 8-21 所示。

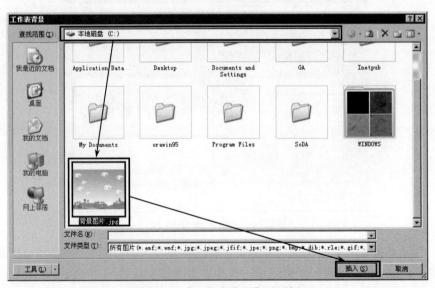

图 8-21　【工作表背景】对话框

（3）返回 Excel 表格，可以发现 Excel 表格的背景变成了刚才设置的图片，如图 8-22 所示。如果要取消背景，则单击【删除背景】按钮即可。

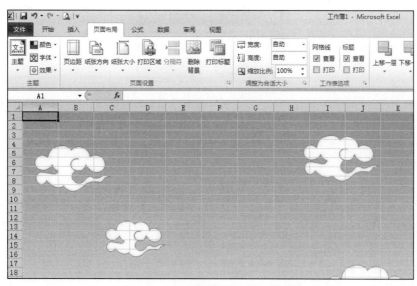

图 8-22　插入背景的 Excel 工作表

8.2.7　表格美化

表格在数据录入完毕后，便可以开始进行美化工作，以使得表格数据显示更加美观、大方和整齐。表格美化一般涉及行高列宽设置、数据格式设置、对齐方式设置、边框设计、底纹设置等，下面介绍对"职工信息表"美化的操作过程。

1．行高和列宽设置

设置"职工信息表"的行高为 25 像素，列宽为自动调整列宽。

操作步骤如下：

（1）单击"职工信息表"任一单元格，按 Ctrl+A 的键，全选工作表。

注意：在对任何数据表内容进行操作前，务必选择相应的数据区域。

（2）单击【开始】菜单中的【单元格】功能组中的【格式】按钮，选择【自动调整列宽】选项，如图 8-23 所示。

图 8-23　行高和列宽设置

（3）单击【开始】菜单中的【单元格】功能组中的【格式】按钮，选择【行高】选项，在弹出的【行高】对话框中输入 25，如图 8-24 所示。

图 8-24　【行高】对话框

2. 数据格式设置

设置"工作日期"的显示方式为 yy-mm-dd，如 2013-4-5 显示为 13-04-05。

操作步骤如下：

（1）选择"工作日期"所在区域 F3:F35。

（2）单击【开始】菜单中的【单元格】中的【格式】按钮，在下拉列表中选择【设置单元格格式】选项，在【设置单元格格式】对话框中选择【数字】选项卡中的【自定义】选项，在【类型】下的文本框中输入 yy-mm-dd，如图 8-25 所示。

（3）单击【确定】按钮即可更改日期的显示方式，结果如图 8-26 所示。

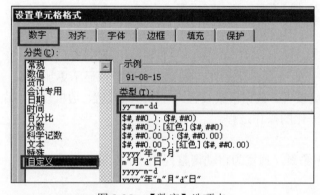

图 8-25　【数字】选项卡

图 8-26　自定义日期格式的效果

3. 对齐方式设置

对表格标题合并居中显示，表格内容水平居中，垂直居中。

操作步骤如下：

（1）选择工作表标题所在区域 A1:I1。

（2）单击【开始】菜单中的【对齐方式】功能组中的【合并后居中】按钮，如图 8-27 所示，结果如图 8-28 所示。

图 8-27　【合并后居中】按钮

	A	B	C	D	E	F	G	H	I
1	职工基本信息表								
2	员工编号	姓名	部门	性别	学历	工作日期	身份证号	联系电话	工龄(年)

图 8-28　工作表标题合并居中结果

4. 表格内容对齐设置：水平居中，垂直居中

操作步骤如下：

（1）选择表格内容区域 A2:I35。

（2）单击【开始】菜单中的【对齐方式】功能组中的【垂直居中】和【水平居中】按钮，如图 8-29 所示。

图 8-29　对齐方式

5. 边框设计：给职工信息表加边框

操作步骤如下：

（1）选择工作表的数据区域 A2:I35。

（2）单击【开始】菜单中的【边框】按钮，选择【所有框线】选项，如图 8-30 所示。

图 8-30　边框线设置

6. 底纹设置：设置列标题与工作表标题的底纹为绿色

操作步骤如下：

（1）选择列标题与工作表标题所在区域 A1:I2。

（2）单击【开始】菜单中的【字体】功能组中的【填充】按钮，选择【绿色】选项，如图 8-31 所示。

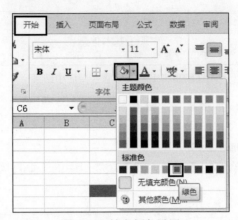

图 8-31　填充颜色设置

8.2.8　冻结窗格

利用 Excel 工作表的冻结窗格功能可以达到固定窗口的效果，具体操作步骤如下：

（1）打开 Excel 工作表，如果要冻结 A1 行，那么就要选中 A2 单元格，如图 8-32 所示。

	A	B	C	D	E	
1	员工编号	姓名	部门	性别	学历	工作
2	00324618	王应富	机关	男	研究生	199
3	00324619	曾冠琛	销售部	女	研究生	19
4	00324620	关俊民	客服中心	女	本科	199
5	00324621	曾丝华	客服中心	男	本科	199

图 8-32　冻结位置选择

（2）单击【视图】菜单，在【窗口】功能组中单击【冻结窗格】按钮，如图 8-33 所示，在打开的下拉列表中选择【冻结拆分窗格】命令。

图 8-33　【冻结窗格】按钮

在 Excel 工作表界面，可以看到 A1 行的下面多了一条横线，这就是被冻结的状态，如图 8-34 所示。

	A	B	H	I	J	K
1	员工编号	姓名	联系电话	工龄（年）		
2	00324618	王应富	15917106094	22		
3	00324619	曾冠琛	15992318091	14		
4	00324620	关俊民	18312624743	14		
5	00324621	曾丝华	18320687496	23		
6	00324622	王文平	13124965625	17		

图 8-34　工作表窗格冻结状态

8.2.9 打印设置

操作要求：设置该工作表打印时为 A4 纸、纵向打印，调整合适的页边距使表格所有列均在一页内显示。

操作步骤如下：

（1）单击表格数据中的任一单元格。

（2）单击【页面布局】菜单中的【页面设置】功能组中的【纸张大小】按钮，从下拉列表中选择【A4 21 厘米×29.7 厘米】选项，如图 8-35 所示。

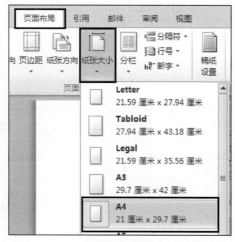

图 8-35 纸张设置

（3）单击【页面布局】菜单中的【页面设置】功能组中的【纸张方向】按钮，选择【纵向】选项，如图 8-36 所示。单击【打印预览】按钮，如图 8-37 所示，观察表格所有数据列是否均出现在页面中，如图 8-38 所示。

图 8-36 纸张方向设置

图 8-37 【打印预览】按钮

调整页面边距使得所有数据列均在一页内打印。单击【正常边距】选项，从下拉列表中选择【自定义边距】选项，如图 8-39 所示。

（4）把页边距中【左】与【右】均改为 0.7 磅，如图 8-40 所示，单击【确定】按钮即可使所有列均显示在同一页中。

图 8-38　预览结果

图 8-39　页边距设置

图 8-40　【页边距】选项卡

知识补充：【页面设置】对话框。

（1）在【页面设置】对话框的【页面】选项卡中，可以设置打印方向，纸张大小及缩放比例等基本内容，如图 8-41 所示。

（2）在【页面设置】对话框的【页边距】选项卡中，可以设置表格打印内容与纸边的距离，页眉页脚距离纸边的距离，打印时数据表在纸张中的居中方式，其中【水平】是指打印数据时数据表在纸张中水平居中，【垂直】是指打印数据时数据表在纸张中垂直居中，如图 8-42 所示。

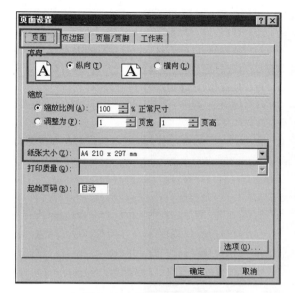

图 8-41 【页面】选项卡   图 8-42 【页边距】选项卡

（3）【页面设置】对话框的【页眉/页脚】选项卡主要用来对数据表的页眉页脚进行基本设置，如图 8-43 所示。

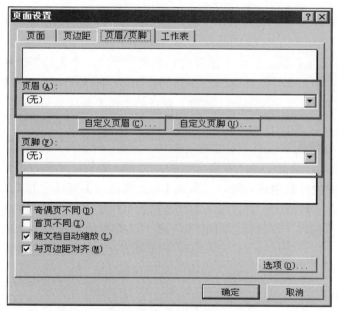

图 8-43 【页眉/页脚】选项卡

（4）在【页面设置】对话框的【工作表】选项卡中可以设置数据表的【打印区域】，打印时只打印被选中区域的内容。

【打印标题】下的"顶端标题行"是指打印时所打印的数据每一页首行均显示顶端标题行的内容，这个功能一般用于设置每一个打印纸的列标题内容。"左端标题行"是指打印时所打印的每一页纸张左边第一列均出现左端标题行的内容，如图 8-44 所示。

图 8-44 【工作表】选项卡

8.3 实例小结

本节实例以制作职工信息表为工作内容，从以下几个方面介绍了制作 Excel 工作表涉及的知识内容。

（1）新建与保存工作簿。新建工作簿的方式多种多样，个人只需选择合适的方式创建即可，保存工作表过程中，需注意保存及另存为的区别，Ctrl+S 为保存的快捷键。

（2）重命名工作表。对于新建的工作簿，默认的工作表名称是 Sheet1、Sheet2、Sheet3，为了使工作表更有辨识度，一般在使用过程中都要对工作表进行重新命名。除了重命名工作表外，还有插入新工作表、复制移动工作表、删除工作表、选定工作表等都是工作表常用的操作功能。

（3）数据表录入。数据的录入主要分四种：文本、数值、日期、逻辑型数据；数值只要直接录入即可，需要设置数值格式时，只需在【单元格格式】对话框的【数字】选项卡中进行修改；非数值型的文本数据也是直接录入，如先输入半角单引号再输入数值，即可输入数值型的文本数据；输入日期时，年月日之间用"-"或"/"隔开；对于有规律的数据系列，则可以利用数据填充的方法进行数据录入；对于项目个数少而规范的数据，在数据录入时可以考虑设置数据录入的有效性，让使用者在录入数据时从下拉框中选择。

（4）单元格格式设置。数据录入完毕后为了使工作表整齐美观，可以设置单元格格式。如设定行高，设定合适的列宽，设定工作表中数据显示格式，设置字体字号及对齐方式，设置表格边框线，设置底纹等。

（5）打印设置。打印排版也是 Excel 的一个常用功能。在打印前，根据实际情况，需设置打印的区域（全部打印、部分打印），打印的纸张大小，打印的方向等基本信息。此外，设置完以上基本信息后，打印前先预览数据表，以查看所有列数据是否出现在同一页纸中，查看一共有多少页，设置页眉页脚内容，调整合适的页边距，设置工作表中顶端标题行或左端标题行等操作。

8.4 拓展练习

（1）批量填充数据。

要求：对如图 8-45 所示的数据表中空白的单元格快速填写"无"。

月份	东北区	东南区	西北区	西南区	华南区	华东区	华中区	华北区
2009年1月	1339	123	3613	7300	7354	5761	182	121
2009年2月		1212	685	2846		6840	8534	
2009年3月	8410		7270		383	9669		1212
2009年4月		2121		2894	406	4043	3754	2121
2009年5月	2945		4380	5086	73	211	9643	
2009年6月	2972	2121	9821	5174	8936	5002		21212
2009年7月			3613		7354		182	2121
2009年8月	118	21212	685	2846	4534	6840	8534	
2009年9月	8410	121		7948	383	9669	6394	21212
2009年10月	3861		8119		406	4043		212
2009年11月	2945	21212		5086	73	211	9643	212
2009年12月	2972		9821	5174	8936	5002	5049	
2010年1月	1339	123	3613	7300	7354	5761	182	121
2010年2月		1212	685	2846		6840	8534	
2010年3月	8410		7270		383	9669		1212
2010年4月		2121		2894	406	4043	3754	2121
2010年5月	2945		4380	5086	73	211	9643	
2010年6月	2972	2121	9821	5174	8936	5002		21212

职工信息表制作 / 1.2批量录入 / 1.3批量缩放 / 1.4参赛表格式设置 / 销售记录表数据分析 / 2.1特定顺序排序

图 8-45 批量录入数据表

操作提示：

1）单击数据表中任一单元格，如 E7，全选数据表（按下 Ctrl+A 组合键）。

2）按功能键 F5 弹出【定位】对话框，如图 8-46 所示。

图 8-46 【定位】对话框

3）单击【定位条件】按钮，打开【定位条件】对话框，勾选【空值】复选框，单击【确定】按钮，如图 8-47 所示，数据表中所有空白单元格均被选中，如图 8-48 所示。

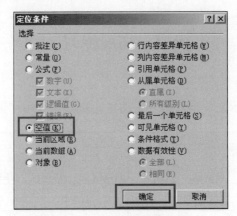

图 8-47 【定位条件】对话框

	A	B	C	D	E	F	G	H	I	J
1	月份	东北区	东南区	西北区	西南区	华南区	华东区	华中区	华北区	
2	2009年1月	1339	123	3613	7300	7354	5761	182	121	
3	2009年2月		1212	685	2846		6840	8534		
4	2009年3月	8410		7270		383	9669		1212	
5	2009年4月		2121		2894	406	4043	3754	2121	
6	2009年5月	2945		4380	5086	73	211	9643		
7	2009年6月	2972	2121	9821	5174	8936	5002		21212	
8	2009年7月			3613		7354		182	2121	
9	2009年8月	118	21212	685	2846	4534	6840	8534		
10	2009年9月	8410	121		7948	383	9669	6394	21212	
11	2009年10月	3861		8119		406	4043		212	
12	2009年11月	2945	21212		5086	73	211	9643	212	
13	2009年12月	2972		9821	5174	8936	5002	5049		
14	2010年1月	1339	123	3613	7300	7354	5761	182	121	
15	2010年2月		1212	685	2846		6840	8534		
16	2010年3月	8410		7270		383	9669		1212	
17	2010年4月		2121		2894	406	4043	3754	2121	
18	2010年5月	2945		4380	5086	73	211	9643		
19	2010年6月	2972	2121	9821	5174	8936	5002		21212	

图 8-48 选中所有空白单元格

4）在编辑框中输入"无"，如图 8-49 所示，同时按下 Ctrl+Enter 组合键，即可对所有空白单元格填充"无"，填充结果如图 8-50 所示。

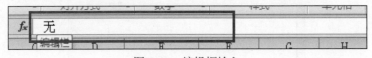

图 8-49 编辑框输入

（2）批量缩放数据。

要求：对图 8-51 所示的数据表中的所有销售数据放大一万倍。

操作提示：

1）在数据区域外（如 B12）单元格中输入 10000，如图 8-51 所示，复制该单元格。

2）选中数据表中数据区域 B2:G7。

3）鼠标右击，选择【选择性粘贴】选项中的【选择性粘贴】命令，如图 8-52 所示，弹出【选择性粘贴】对话框，如图 8-53 所示，选择【粘贴】中的【全部】选项和【运算】中的【乘】选项，单击【确定】按钮，结果如图 8-54 所示。

	A	B	C	D	E	F	G	H	I	J
	B3	▼	f_x	无						
1	月份	东北区	东南区	西北区	西南区	华南区	华东区	华中区	华北区	
2	2009年1月	1339	123	3613	7300	7354	5761	182	121	
3	2009年2月	无	1212	685	2846	无	6840	8534	无	
4	2009年3月	8410	无	7270	无	383	9669	无	1212	
5	2009年4月	无	2121	无	2894	406	4043	3754	2121	
6	2009年5月	2945	无	4380	5086	73	211	9643	无	
7	2009年6月	2972	2121	9821	5174	8936	5002	无	21212	
8	2009年7月	无	无	3613	无	7354	无	182	2121	
9	2009年8月	118	21212	685	2846	4534	6840	8534	无	
10	2009年9月	8410	121	无	7948	383	9669	6394	21212	
11	2009年10月	3861	无	8119	无	406	4043	无	212	
12	2009年11月	2945	21212	无	5086	73	211	9643	212	
13	2009年12月	2972	无	9821	5174	8936	5002	5049	无	
14	2010年1月	1339	123	3613	7300	7354	5761	182	121	
15	2010年2月	无	1212	685	2846	无	6840	8534	无	
16	2010年3月	8410	无	7270	无	383	9669	无	1212	
17	2010年4月	无	2121	无	2894	406	4043	3754	2121	
18	2010年5月	2945	无	4380	5086	73	211	9643	无	
19	2010年6月	2972	2121	9821	5174	8936	5002		21212	

职工信息表制作 1.2批量录入 1.3批量缩放 1.4参赛表格式设置 销售记录表数据分析 2.1特定顺序排序 2.1高级

图 8-50　填充结果

	A	B	C	D	E
	B12	▼	f_x	10000	
1	月份	东北区	西北区	华南区	华东区
2	1月	133	361	435	576
3	2月	118	685	698	682
4	3月	841	720	383	523
5	4月	386	811	406	404
6	5月	294	435	73	211
7	6月	296	982	863	524
8					
9					
10					
11					
12		10000			
13					

图 8-51　批量缩放数据

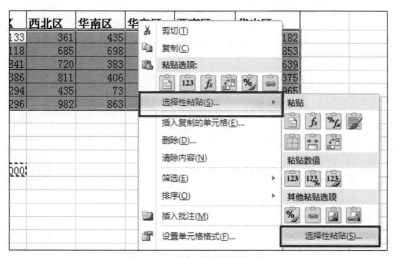

图 8-52　【选择性粘贴】选项

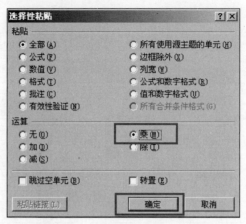

图 8-53 【选择性粘贴】对话框

月份	东北区	西北区	华南区	华东区	西南区	华中区
1月	1330000	3610000	4350000	5760000	7200000	1820000
2月	1180000	6850000	6980000	6820000	2840000	8530000
3月	8410000	7200000	3830000	5230000	7940000	6390000
4月	3860000	8110000	4060000	4040000	2890000	3750000
5月	2940000	4350000	730000	2110000	5060000	9650000
6月	2960000	9820000	8630000	5240000	7150000	5410000

图 8-54 成批增大数据结果

（3）对图 8-55 所示参赛表进行格式设置，最终效果如图 8-56 所示。

	A	B	C	D	E	F	G	H	I
1	2011-2012学年第一学期学院教师参赛表								
2	序号	工号	部门	姓名	参赛版块	参赛项目	身份证号	参赛时间	参赛费用
3	01	04006	招就处	何严红	板块（5）	羽毛球	340811199306175826	12-12-08	1260
4	02	04003	财务处	赫凯	板块（5）	篮球	152726199309092431	12-04-03	1500.5
5	03	06089	后勤处	王薇	板块（2）	羽毛球	350181199306211869	12-03-06	3200
6	04	02001	财务处	余媛	板块（2）	乒乓球	340828199301120540	12-03-15	2700
7	05	06075	教务处	张瑞	板块（4）	武术	230405199212220329	12-06-25	1820.78
8	06	05021	后勤处	张钰	板块（5）	羽毛球	210404199211282114	12-05-07	2100
9	07	02020	财务处	张云雷	板块（1）	篮球	341223199310103116	12-02-28	3000

图 8-55 参赛表格式设置

2011-2012学年第一学期学院教师参赛表								
序号	工号	部门	姓名	参赛版块	参赛项目	身份证号	参赛时间	参赛费用
01	04006	招就处	何严红	板块（5）	羽毛球	340811199306175826	12-12-08	¥1,260.00
02	04003	财务处	赫凯	板块（5）	篮球	152726199309092431	12-04-03	¥1,500.00
03	06089	后勤处	王薇	板块（2）	羽毛球	350181199306211869	12-03-06	¥3,200.00
04	02001	财务处	余媛	板块（2）	乒乓球	340828199301120540	12-03-15	¥2,700.00
05	06075	教务处	张瑞	板块（4）	武术	230405199212220329	12-06-25	¥1,820.00
06	05021	后勤处	张钰	板块（5）	羽毛球	210404199211282114	12-05-07	¥2,100.00
07	02020	财务处	张云雷	板块（1）	篮球	341223199310103116	12-02-28	¥3,000.00

图 8-56 参赛表结果

要求：

1）工作表标题"2011－2012学年第一学期学院教师参赛表"设置：合并居中，宋体，18号，加粗。

2）列标题设置：字体为宋体，字号为11，加粗显示，水平居中，垂直居中，列标题底纹设置为蓝色。

3）表格数据为宋体，10号，水平居中，垂直居中。

4）设置数据表行高为25像素，列宽为最适合的列宽。

5）为数据表添加边框线，其中外框线为双细线，内框线为点横线。

6）"参赛费用"列保留两位小数，使用千位分隔符，货币类型。

7）对于参赛费用大于2500元的，加粗倾斜红色底纹显示。

8）重命名工作表为"教师参赛表"。

第9章 销售记录表数据分析

学习目标

- 掌握基本的数据排序方法
- 掌握基本的数据筛选方法
- 掌握分类汇总的操作方法
- 掌握数据透视表、数据透视视图的使用
- 掌握图表的基础知识

9.1 实例简介

销售部的老张要对2012年9月12日所负责代理品牌的家电销售数据（如图9-1所示）进行统计，他要了解家电在各个地区的销售情况，并以各种条件分类统计销售数据的内容。

	A	B	C	D	E	F	G
1	销售记录表						
2	日期	地区	产品	型号	数量/台	单价/元	销售总额/元
3	2012-9-12	广州	洗衣机	AQH	18	1600	28800
4	2012-9-12	上海	洗衣机	AQH	20	1600	32000
5	2012-9-12	广州	彩电	BJ-1	18	3600	64800
6	2012-9-12	上海	彩电	BJ-1	20	3600	72000
7	2012-9-12	北京	彩电	BJ-2	15	5900	88500
8	2012-9-12	北京	彩电	BJ-2	20	5900	118000
9	2012-9-12	广州	电冰箱	BY-3	55	2010	110550
10	2012-9-12	上海	电冰箱	BY-3	50	2010	100500
11	2012-9-12	广州	音响	JP	23	8000	184000
12	2012-9-12	广州	音响	JP	33	8000	264000
13	2012-9-12	北京	微波炉	NN-K	20	4100	82000
14	2012-9-12	北京	微波炉	NN-K	25	4050	101250

图 9-1 销售记录表

9.2 实例制作

要对 Excel 表格的数据统计分析，需要了解下述 Excel 数据统计分析的基本内容。

（1）Excel 数据排序。通过对数据的排序可以使得排序列数据按照一定的规则从大到小或从小到大进行重新排列；

（2）Excel 数据筛选。通过对数据的筛选可以查询到各种符合条件的数据；

（3）Excel 数据分类汇总。通过对数据的分类汇总可以迅速了解各种销售统计数据；

（4）Excel 数据透视表。利用数据透视表可以全方位多维度地了解各类数据的总体销售情况。

9.2.1 数据排序

操作要求：对销售记录表按地区升序排序；地区相同时，按产品升序排序；产品相同时，按型号升序排序，型号相同时，按数量降序排序。

操作步骤如下：

（1）单击数据表中的任一单元格，单击【数据】菜单中的【排序和筛选】功能组中的【排序】按钮，打开【排序】对话框，如图 9-2 所示。

（2）在【排序】对话框中设置排序条件，如图 9-3 所示。

图 9-2　【排序】按钮

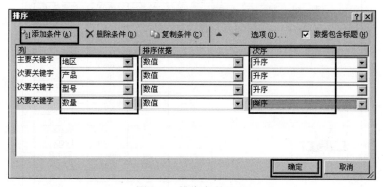

图 9-3　排序条件设置

（3）单击【确定】按钮，得到如图 9-4 所示的排序结果。

日期	地区	产品	型号	数量/台	单价/元	销售总额/元
2012-9-12	北京	彩电	BJ-2	20	5900	118000
2012-9-12	北京	彩电	BJ-2	15	5900	88500
2012-9-12	北京	电冰箱	RS-2	30	1690	50700
2012-9-12	北京	电冰箱	RS-2	19	1690	32110
2012-9-12	北京	微波炉	NN-K	43	4050	174150
2012-9-12	北京	微波炉	NN-K	25	4050	101250
2012-9-12	北京	微波炉	NN-K	20	4100	82000
2012-9-12	广州	彩电	BJ-1	18	3600	64800
2012-9-12	广州	电冰箱	BY-3	55	2010	110550
2012-9-12	广州	洗衣机	AQH	18	1600	28800
2012-9-12	广州	音响	JP	33	8000	264000
2012-9-12	广州	音响	JP	23	8000	184000
2012-9-12	上海	彩电	BJ-1	20	3600	72000
2012-9-12	上海	电冰箱	BY-3	50	2010	100500
2012-9-12	上海	微波炉	NN-K	23	4100	94300
2012-9-12	上海	洗衣机	AQH	20	1600	32000

图 9-4　排序结果

9.2.2 数据筛选

操作要求：筛选出【销售总额】大于 50000 且销售地区在广州的销售记录。

操作步骤如下：

（1）单击数据表中任一单元格，单击【数据】菜单中的【排序和筛选】功能组中的【筛选】按钮，列标题名称右侧都出现一个下拉按钮，如图 9-5 所示。

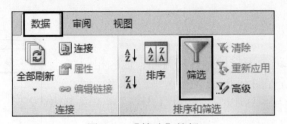

图 9-5 【筛选】按钮

（2）单击【地区】下拉按钮，从下拉列表框中选择"广州"选项，单击【确定】按钮，如图 9-6 所示。

日期	地区	产品	型号	数量	单价	销售总额
			BJ-2	20	5900	118000
			BJ-2	15	5900	88500
			RS-2	30	1690	50700
			RS-2	19	1690	32110
			NN-K	43	4050	174150
			NN-K	25	4050	101250
			NN-K	20	4100	82000
			BJ-1	18	3600	64800
			BY-3	55	2010	110550
			AQH	18	1600	28800
			JP	33	8000	264000
			JP	23	8000	184000
			BJ-1	20	3600	72000
			BY-3	50	2010	100500
			NN-K	23	4100	94300
			AQH	20	1600	32000

图 9-6 地区筛选

（3）单击【销售总额】项的下拉按钮，从下拉列表框中选择【数字筛选】级联菜单中的【大于】选项，打开【自定义自动筛选方式】对话框，如图 9-7 所示。

图 9-7 销售总额筛选

（4）在【自定义自动筛选方式】对话框中的关系下拉框中选择"大于"，在数值栏中输入 50000，如图 9-8 所示，单击【确定】按钮，即可筛选出销售总额大于 50000 的记录。筛选结果如图 9-9 所示。

图 9-8　【自定义自动筛选方式】对话框

销售记录表

日期	地区	产品	型号	数量	单价	销售总额
2012-9-12	广州	彩电	BJ-1	18	3600	64800
2012-9-12	广州	电冰箱	BY-3	55	2010	110550
2012-9-12	广州	音响	JP	33	8000	264000
2012-9-12	广州	音响	JP	23	8000	184000

图 9-9　筛选结果

9.2.3　数据分类汇总

操作要求：按地区分类汇总各地区的销售总额。

注意： 分类汇总前务必对分类的字段进行排序。

操作步骤如下：

（1）主关键字选择【地区】，单击【数据】菜单中的【排序】按钮，先对所在地区进行排序。

（2）单击【数据】菜单中的【分类汇总】按钮，设置分类汇总中【分类字段】为"地区"，【汇总方式】为"求和"，【选定汇总项】为"销售总额"，如图 9-10 所示，单击【确定】按钮，得到结果如图 9-11 所示。

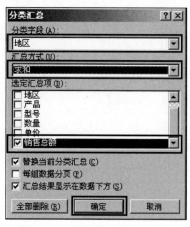

图 9-10　【分类汇总】对话框

1 2 3		A	B	C	D	E	F	G
	1			销售记录表				
	2	日期	地区	产品	型号	数量/台	单价/元	销售总额/元
	3	2012-9-12	北京	彩电	BJ-2	15	5900	88500
	4	2012-9-12	北京	彩电	BJ-2	20	5900	118000
	5	2012-9-12	北京	电冰箱	RS-2	19	1690	32110
	6	2012-9-12	北京	电冰箱	RS-2	30	1690	50700
	7	2012-9-12	北京	微波炉	NN-K	20	4100	82000
	8	2012-9-12	北京	微波炉	NN-K	25	4050	101250
	9	2012-9-12	北京	微波炉	NN-K	43	4050	174150
	10		北京 汇总					646710
	11	2012-9-12	广州	彩电	BJ-1	18	3600	64800
	12	2012-9-12	广州	电冰箱	BY-3	55	2010	110550
	13	2012-9-12	广州	洗衣机	AQH	18	1600	28800
	14	2012-9-12	广州	音响	JP	23	8000	184000
	15	2012-9-12	广州	音响	JP	33	8000	264000
	16		广州 汇总					652150
	17	2012-9-12	上海	彩电	BJ-1	20	3600	72000
	18	2012-9-12	上海	电冰箱	BY-3	50	2010	100500
	19	2012-9-12	上海	微波炉	NN-K	23	4100	94300
	20	2012-9-12	上海	洗衣机	AQH	20	1600	32000
	21		上海 汇总					298800
	22		总计					1597660

图 9-11　分类汇总结果

分类汇总后，数据表左上角出现 [1 2 3] 3 个层次的数据，其中第 3 层次显示数据表的明细数据与汇总数据，第 2 层次显示分地区汇总数据，如图 9-12 所示。第 1 层次是指全部地区汇总结果，如图 9-13 所示。

1 2 3		A	B	C	D	E	F	G
	1			销售记录表				
	2	日期	地区	产品	型号	数量/台	单价/元	销售总额/元
	10		北京 汇总					646710
	16		广州 汇总					652150
	21		上海 汇总					298800
	22		总计					1597660
	23							
	24							

图 9-12　分地区汇总数据

1 2 3		A	B	C	D	E	F	G
	1			销售记录表				
	2	日期	地区	产品	型号	数量/台	单价/元	销售总额/元
	22		总计					1597660
	23							

图 9-13　全部地区汇总数据

9.2.4　创建数据透视表

操作要求：统计不同地区不同产品销售总额的数据透视表，并创建该数据表的数据透视图。

知识补充：对于数据表多字段的统计及分类汇总可以考虑使用数据透视表。

操作步骤如下：

（1）选中数据表任一单元格，单击【插入】菜单中的【数据透视表】下拉按钮中的【数据透视表】选项，如图 9-14 所示。

图 9-14　【数据透视表】选项

（2）弹出【创建数据透视表】对话框，在【请选择要分析的数据】区域中勾选【选择一个表或区域】单选框，单击【确定】按钮，如图 9-15 所示。按住鼠标左键将【地区】拖到表格中的【列字段】，将【产品】拖到【行字段】，将【销售总额】拖到【值字段】，如图 9-16 所示，数据透视表的结果如图 9-17 所示。

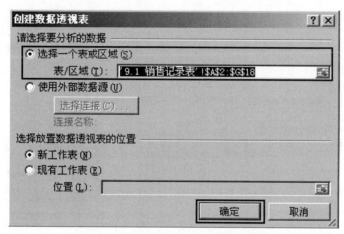

图 9-15　【创建数据透视表】对话框

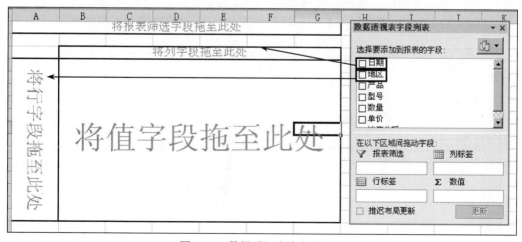

图 9-16　数据透视表字段设置图

	A	B	C	D	E
1	将报表筛选字段拖至此处				
2					
3	求和项:销售总额	地区 ▼			
4	产品　　　　　▼	北京	广州	上海	总计
5	彩电	206500	64800	72000	343300
6	电冰箱	82810	110550	100500	293860
7	微波炉	357400		94300	451700
8	洗衣机		28800	32000	60800
9	音响		448000		448000
10	总计	646710	652150	298800	1597660

图 9-17　数据透视表结果图

9.2.5　创建数据透视图

用上例的方法来制作数据透视图，操作步骤如下：

（1）单击数据表中任一单元格，单击【插入】菜单中的【数据透视表】下拉按钮中的【数据透视图】选项，出现如图 9-18 所示的界面。

图 9-18　数据透视图

（2）按住鼠标左键把"地区"拖到表格中的【列字段】上，将"产品"拖到【行字段】上，将"销售总额"拖到【值字段】上，得到如图 9-19 所示的数据透视图结果。

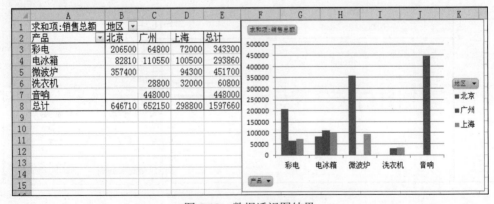

图 9-19　数据透视图结果

9.2.6 利用图表分析销售情况

在以上数据透视表的基础上，用三维分离饼图展示每个地区电器销售总额占总销售额的百分比。操作步骤如下：

（1）选择数据区域。将数据透视表中所需的数据复制到新表格中，选择单元格区域 B1:D1，按下 Ctrl 键，选择单元格区域 B7:D7，即可把参与制作饼图的数据选择好，如图 9-20 所示。

	A	B	C	D	E
1	产品	北京	广州	上海	总计
2	彩电	206500	64800	72000	343300
3	电冰箱	82810	110550	100500	293860
4	微波炉	357400		94300	451700
5	洗衣机		28800	32000	60800
6	音响		448000		448000
7	总计	646710	652150	298800	1597660
8					

图 9-20　数据区域选择

（2）单击【插入】菜单中的【图表】功能组中的【饼图】按钮，选择【分离型三维饼图】选项，如图 9-21 所示，得到如图 9-22 所示的结果。

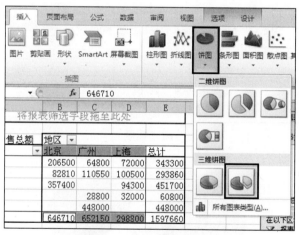

图 9-21　插入【饼图】按钮

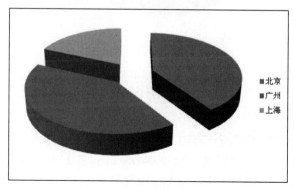

图 9-22　三维分离饼图结果

对绘图区、图表区、图例区鼠标右击或双击，可以设置不同的图表格式，各类对象格式设置对话框如图 9-23 所示。

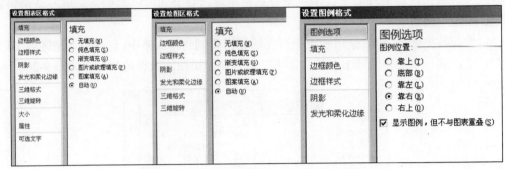

图 9-23　图表各区域格式设置对话框

（3）设置饼图显示百分比。单击【图表工具/设计】菜单，选择最左边的样式，如图 9-24 所示，结果如图 9-25 所示。

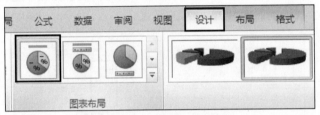

图 9-24　设计饼图格式

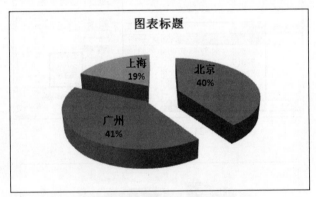

图 9-25　显示百分比的饼图

9.3　实例小结

本章通过对销售表的数据分析，介绍了 Excel 数据分析的基本功能。

（1）排序。Excel 升序排序：数字从最小的负数到最大的正数进行排序；字符按字母先后顺序排序，在按字母先后顺序对文本项进行排序时，Excel 从左到右一个字符一个字符地进行排序。降序排序则反之。Excel 可以设置多个字段进行排序。

（2）筛选。Excel 通过筛选可以在数据表中选出任意符合条件的数据。筛选过程中，条件的选择如果是某一个具体的值，则只需在筛选下拉框中选择该值即可，如果筛选的条件是某一个范围，则筛选时从下拉框中选择自定义，自定义框中有多种可选的关系表达式。此外 Excel 还可以通过通配符对内容进行筛选。

（3）分类汇总。分类汇总是 Excel 常用的汇总功能。Excel 进行分类汇总前务必对分类的字段进行排序，然后再进行分类汇总；分类汇总过程中，务必弄清楚分类的字段及汇总的方式、汇总的字段等相关内容。进行分类汇总后的 Excel 数据表有 3 层内容，第 3 层是数据项与汇总项，第 2 层是分类项与汇总项，第 1 层是总的汇总项。复制汇总数据时，务必注意用 F5 键定位可见单元格的数据进行复制。

（4）数据透视表。分类汇总适合在分类的字段少、汇总的方式不多的情况下使用，如果分类的字段较多则需使用数据透视表进行汇总。使用数据透视表前，读者需清晰地知道自己想要得到的汇总表格框架，根据框架的模式把相应的数据字段拉到合适的位置即可得到符合条件的数据透视表。

（5）图表。Excel 的图表可以让人比较清晰地了解数据之间的关系。在进行图表创建时，要注意图表的源数据，数据选择范围不合适将无法得到正确的图表效果。图表初步创建完毕后，还可以通过设置不同区域的格式来设置图表格式，以使得图表美观大方。

9.4　拓展练习

人社局李云负责对本次公务员考试的数据信息进行整理（备注：本次样例的考生姓名经过处理，分数仅为模拟计算方法，与实际考试无关），公务员考试的数据信息被报名系统导出到 2016 年公务员考试信息表中，含有工作表"名单"（如图 9-26 所示）和工作表"行政区划码对照表"（如图 9-27 所示）。

图 9-26　"名单"工作表

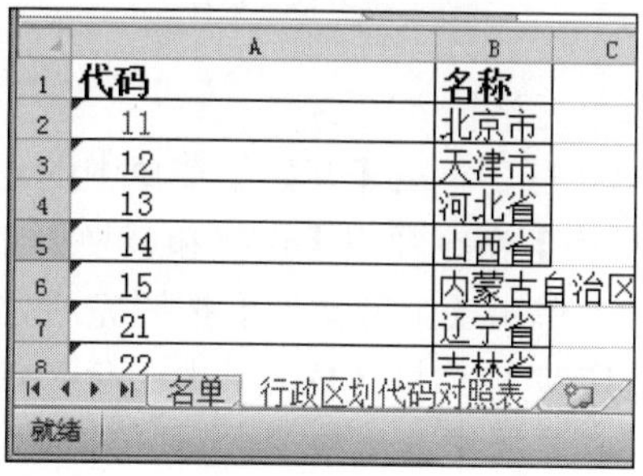

图 9-27　"行政区划码对照表"工作表

对工作表"名单"做下述基本处理。

（1）在"序号"列中输入格式为 00001、00002、00003 的序列号。

（2）在"性别"列的空白单元格输入"男"。

（3）准考证号码自左向右的第 5、6 位为地区代码，依据工作表"行政区划码对照表"中的对应关系，在"地区"中输入地区名称。

（4）在"部门代码"列中填入相应的部门代码，其中准考证号的前 3 位为部门代码。

（5）准考证的第 4 位代表考试类别，按照图 9-28 所列的计分方法计算每个人的总成绩。

准考证号的第4位	考试类别	计分方法
1	A 类	考试面试各占 50%
2	B 类	笔试占 60%，面试占 40%

图 9-28　计分方法

（6）将"笔试分数""面试分数"和"总成绩"3 列数据设置为形如"123.320 分"的格式，且为应能正确参与运算的数值类型数据格式。

（7）以"地区"为主关键字进行升序、第二关键字为"报考职位代码"进行升序、第三关键字为"总成绩"降序进行排序。

（8）统计每个职位不同性别的考生各有多少人报考。

本拓展练习的实施方法如下所述。

（1）在"序号"列中输入 00001、00002、00003 的序列号。

实施步骤：在工作表"名单"中，选中 A4 单元格，输入"'00001"，双击该单元格右下角的填充柄，完成数据填充，如图 9-29 所示。

知识点补充：00001 前输入的单引号为英文输入法状态下输入的单引号，电子表格中凡是公式或引用中涉及到的所有符号均为英文输入法状态下的符号。

	A	B	C	D	E	F	G
A4					fx	'00001	
1	2016年国家公务员考试首批面试名单（国务院各部委）						
2							
3	序号	准考证号	考生姓名	性别	地区	部门代码	报考部门
4	'00001		刘茜				财政部
5		11511176263	许玥柏				财政部
6		115111051523	尚冬				财政部

图 9-29　输入序号

（2）在"性别"列的空白单元格输入"男"。

实施步骤：选中 D4:D1777 区域，单击【开始】菜单中的【编辑】功能组中的【查找和选择】按钮，在下拉框中选择【替换】命令弹出【查找和替换】对话框，在【替换】选项卡中的【替换为】文本框中输入"男"，单击【全部替换】按钮完成替换，如图 9-30 所示。

知识点补充：在选择 D4:D1777 单元格区域时，由于行数较多，直接通过拖拽鼠标进行选择（需按住鼠标较长时间），可以先选中单元格 D4，按住键盘上的 Shift 键，拖动工作表右侧的滚动条到最后一行，单击单元格 D1777，即可快速选择单元格区域 D4:D1777。

图 9-30　在空白单元格输入"男"

（3）在"部门代码"列中填入相应的部门代码，其中准考证号的前 3 位为部门代码。

实施步骤：在 F4 单元格中输入公式"=LEFT(B4,3)"，使用填充柄把当前公式填充到 F1777 单元格，如图 9-31 所示。

知识点补充：函数 LEFT(string,n)的作用是返回 string 字符串左边的 n 个字符。

	VLOOKUP	▾	X ✔ fx	=LEFT(B4, 3)		
	A	B	C	D	E	F	G
1	2016年国家公务员考试首批面试名单（国务院各部委）						
2							
3	序号	准考证号	考生姓名	性别	地区	部门代码	报考部门
4	00001	11511116045	刘茜	男		=LEFT(B4, 3)	ß
5	00002	11511176263	许玥柏	男		LEFT(text, [num_chars])	
6	00003	115111051523	尚冬	男			财政部
7	00004	115111060329	王文	男			财政部

图 9-31　截取"部门代码"

（4）准考证号码自左向右的第 5、6 位为地区代码，依据工作表"行政区划代码"中的对应关系在"地区"中输入地区名称。

实施步骤 1：在 M 列中截取地区代码。在 M4 单元格中输入公式"=MID(B4,5,2)"，然后双击填充柄把当前公式填充到 M1777 单元格，如图 9-32 所示。

知识点补充：MID(string,截取开始的位置,截取的长度)的作用是从一个字符串中截取出指定数量的字符。

	VLOOKUP	▾	X ✔ fx	=MID(B4,5,2)		
	H	I	J	K	L	M
1						
2						
3	报考职位代码	报考职位名称	笔试分数	面试分数	总成绩	地区代码
4	0401005001	主任科员及以下	127	70		=MID(B4,5,2)
5	0801013003	主任科员及以下	150	52		
6	0801014001	主任科员及以下	120.75	87		
7	0401001001	主任科员及以下	130.25	100		

图 9-32　截取"地区代码"

实施步骤 2：在 E4 单元格中输入公式"=VLOOKUP(M4,行政区划代码对照表!\$A\$1: \$B\$36,2,0)"，使用填充柄把当前的公式填充到 E1777 单元格，如图 9-33 所示。

VLOOKUP		▼	⊙ × ✓ ƒx	=VLOOKUP(M4,行政区划代码对照表!$A$1:$B$36,2,0)			
	B	C	D	E	F	G	H
1	国家公务员考试首批面试名单（国务院各部委）						
2							
3	准考证号	考生姓名	性别	地区	部门代码	报考部门	报考职位代码
4	11511116045			=VLOOKUP(M4,行政区划代码对照表!$A$1:$B$36,2,0)		邹	0401005001
5	11511176263	许玥柏	男		115	财政部	0801013003

图 9-33　通过地区代码匹配地区名称

知识点补充：VLOOKUP(lookup_value, table_array, col_index_num, [range_lookup])的作用是搜索某个单元格区域的第一列，然后返回该区域相同行上任何单元格中的值（注意公式中的所有符号均为英文输入法状态下的符号）。

（5）准考证的第4位代表考试类别，按照图9-28的计分方法计算每个人的总成绩。

实施步骤：在L4单元格中输入公式"=IF(MID(B4,4,1)=1,J4*0.5+K4*0.5,J4*0.6+K4*0.4)"，使用填充句柄将当前的公式填充到L1777单元格，如图9-34所示。

VLOOKUP		▼	⊙ × ✓ ƒx	=IF(MID(B4,4,1)=1,J4*0.5+K4*0.5,J4*0.6+K4*0.4)				
	I	J	K	L	M	N	O	Q
1								
2								
3	报考职位名称	笔试分数	面试分数	总成绩		地区代码		
4	主任科员及以下	127	70	=IF(MID(B4,4,1)=1,J4*0.5+K4*0.5,J4*0.6+K4*0.4)				
5	主任科员及以下	150	52			11		
6	主任科员及以下	120.75	87			11		
	主任科员及以下	130.25	100			11		

图 9-34　计算总成绩

（6）将"笔试分数""面试分数"和"总成绩"3列数据设置为形如"123.320分"，且为应能正确参与运算的数值类数据格式。

实施步骤：同时选中J、K、L三列数据区域，单击鼠标右键，在弹出的快捷菜单中选择【设置单元格格式】命令弹出【设置单元格格式】对话框，在【数字】选项卡下选中【自定义】选项，在右侧的【类型】列表框中选择"0.00"，在文本框中将其修改为"0.000分"，单击【确定】按钮，如图9-35所示。

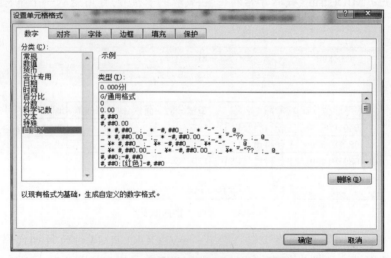

图 9-35　【设置单元格格式】对话框

（7）以"地区"为主关键字进行升序、第二关键字为"报考职位代码"进行升序、第三关键字为"总成绩"进行降序排序。

实施步骤：单击 E4 单元格，单击【数据】选项卡，选择【排序筛选】功能框中的【排序】选项，主关键字选择"地区"，次要关键字选择"报考职位代码"，再次要关键字选择"总成绩"，并将对"总成绩"的次序改为"降序"，如图 9-36 所示。

图 9-36　多字段排序

（8）统计每个职位不同性别的考生各有多少人报考。

实施步骤：选择"名单"工作表中 A3:M1777 单元格区域，单击【插入】菜单项，选择【表格】功能组中的【数据透视表】下拉框中的【数据透视表】选项，如图 9-37 所示，单击【确定】按钮。在数据透视表字段列表中，把字段"性别"拖至【列标签】区，"报考职位名称"拖至【行标签】区，"准考证号"拖至【数值】区，如图 9-38 所示，结果如图 9-39 所示。

图 9-37　筛选－区域选择

图 9-38　筛选－字段列表

图 9-39　筛选结果

第 10 章　订单信息表统计管理

学习目标

● 掌握区域数据的命名方法
● 掌握公式与统计函数的基本应用
● 掌握透视表的基本应用
● 掌握图表的基本应用

10.1　实例简介

销售部的老张是某食品贸易公司的销售部助理，他需要对 2015 年的订单数据（订单数据含订单明细、订单信息、产品信息、客户信息、产品类别分析共 5 个表格，相应的表格结构如图 10-1 至图 10-5 所示）进行分析，根据以下要求，帮助他完成此项工作。

	A	B	C	D	E	F	G	H
1	订单编号	产品代码	产品名称	产品类别	单价	数量	折扣	金额
2	10248	17				12	0	
3	10248	42				10	0	
4	10248	72				5	0	
5	10249	14				9	0	
	10249	51				40	0	

图 10-1　订单明细表

	A	B	C	D	E	F	G
1	订单编号	客户代码	订货日期	发货日期	发货地区	发货城市	订单金额
2	10248	VINET	2015-1-1	2015-1-13			
3	10249	TOMSP	2015-1-2	2015-1-7			
4	10250	HANAR	2015-1-5	2015-1-9			
5	10251	VICTE	2015-1-5	2015-1-12			
	10252	SUPRD	2015-1-6	2015-1-8			

图 10-2　订单信息表

	A	B	C	D
1	产品代码	产品名称	产品类别	单价
2	1	苹果汁	日用品	¥18.00
3	2	牛奶	饮料	¥19.00
4	3	蕃茄酱	调味品	¥10.00
5	4	盐	调味品	¥22.00
	5	麻油	调味品	¥21.35

图 10-3　产品信息表

	A	B	C	D	E	F	G
1	**客户代码**	**客户名称**	**联系人**	**联系人职务**	**城市**	**地区**	**客户等级**
2	QUEDE	兰格英语	王先生	结算经理	北京	华北	
3	FOLIG	嘉业	刘先生	助理销售代理	石家庄	华北	
4	SEVES	艾德高科技	谢小姐	销售经理	天津	华北	
5	PARIS	立日	李柏麟	物主	石家庄	华北	
6	CHOPS	浩天旅行社	方先生	物主	天津	华北	

订单明细 订单信息 产品信息 客户信息 产品类别分析

图 10-4　客户信息表

	A	B	C	D	E
1	**产品类别**	**销售额**			
2	饮料				
3	调味品				
4	特制品				
5	肉/家禽				

订单信息 产品信息 客户信息 产品类别分析

图 10-5　产品类别分析表

在"订单明细"工作表（图 10-1）中完成以下工作：

（1）命名"产品信息"工作表的单元格区域 A1:D78 名称为"产品信息"；命名"客户信息"工作表的单元格区域 A1:G92 名称为"客户信息"。

（2）根据"订单明细"工作表中 B 列中的产品代码，在 C 列、D 列和 E 列中填入相应的产品名称、产品类别和产品单价（对应信息可在"产品信息"工作表中查找）。

（3）设置"订单明细"工作表中 G 列单元格格式，折扣为 0 的单元格显示为"-"，折扣大于 0 的单元格显示为百分比格式，并保留 0 位小数。

（4）在"订单明细"工作表中 H 列中计算每笔订单的销售金额，公式为"金额=单价*数量*(1-折扣)"，设置 E 列和 H 列单元格为货币格式，保留两位小数。

在"订单信息"（图 10-2）工作表中，完成以下工作：

（1）根据 B 列中的客户代码，在 E 列和 F 列中填入相应的发货地区和发货城市。

（2）在 G 列计算每笔订单的订单金额，该信息可在"订单明细"工作表中查找（注意：一个订单可能包含多个产品），计算结果设置为货币格式，保留两位小数。

（3）使用条件格式，将每笔订单订货日期与发货日期间隔大于 10 天的记录所在单元格填充颜色设置为"红色"，字体颜色设置为"白色，背景 1"。

在"产品类别分析"（图 10-5）工作表中，完成下列工作：

（1）在单元格区域 B2:B9 中计算每类产品的销售总额，设置单元格格式为货币格式，保留两位小数，并按照销售额对表格数据降序排序。

（2）在单元格区域 D1:L17 中创建复合饼图，饼图效果如图 10-6 所示。

（3）在所有工作表的最右侧创建一个名为"地区和城市分析"的新工作表，并在该工作表单元格区域 A1:C19 创建数据透视表，以便按照地区和城市汇总订单总额。数据透视表设置如图 10-7 所示。

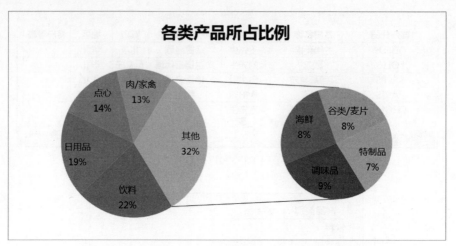

图 10-6 复合条饼图效果图

发货地区	发货城市	订单金额 汇总
东北	大连	¥44,635.01
华北	北京	¥19,885.02
	秦皇岛	¥22,670.88
	石家庄	¥24,460.51
	天津	¥182,610.14
	张家口	¥5,096.60
华东	常州	¥25,850.56
	南昌	¥5,694.16
	南京	¥53,004.87
	青岛	¥4,392.36
	上海	¥1,275.00
	温州	¥33,183.73
华南	海口	¥3,568.00
	厦门	¥1,320.75
	深圳	¥95,755.28
西北	西安	¥2,642.50
西南	重庆	¥56,012.17
总计		¥581,769.55

图 10-7 透视表结果

10.2 实例制作

10.2.1 在"订单明细"工作表中完成相关操作

（1）命名"产品信息"工作表的单元格区域 A1:D78 名称为"产品信息"；命名"客户信息"工作表的单元格区域 A1:G92 名称为"客户信息"。具体操作步骤如下：

1）选择"产品信息"工作表，选中单元格区域 A1:D78，在左上角的"名称框"中输入"产品信息"，如图 10-8 所示。输入完成后按 Enter 键完成输入。

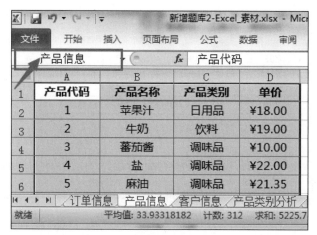

图 10-8 设置"产品信息"名称

2）选择"客户信息"工作表，选中单元格区域 A1:G92，在左上角的"名称框"中输入"客户信息"，如图 10-9 所示。输入完成后按 Enter 键完成输入。

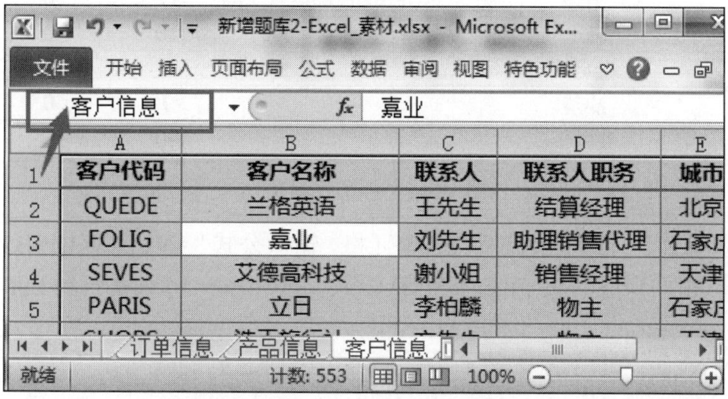

图 10-9 设置"客户信息"名称

（2）根据"订单信息"工作表中 B 列中的"产品代码"，在 C 列、D 列和 E 列中填入相应的产品名称、产品类别和产品单价（对应信息可在"产品信息"工作表中查找）。

知识点补充：VLOOKUP 函数。VLOOKUP 函数是 Excel 中的一个纵向查找函数，它与 LOOKUP 函数和 HLOOKUP 函数属于一类函数，在工作中都有广泛应用，例如可以用来核对数据，多个表格之间快速导入数据等函数功能，功能是按列查找，最终返回该列所需查询列序所对应的值。语法：VLOOKUP(要查找的值,要查找的区域,返回数据在查找区域的第几列数,模糊匹配/精确匹配)。

操作步骤如下：

1）选择"订单明细"工作表，选中 C2 单元格，输入公式"=VLOOKUP(B2,产品信息,2,0)"，如图 10-10 所示。输入完成后按 Enter 键确认输入，拖动填充句柄填充到 C907 单元格。

2）选择"订单明细"工作表，选中 D2 单元格，输入公式"=VLOOKUP(B2,产品信息,3,0)"，如图 10-11 所示。输入完成后按 Enter 键确认输入，拖动填充句柄填充到 D907 单元格。

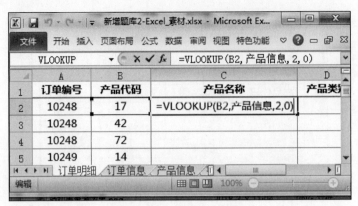

图 10-10　匹配产品名称

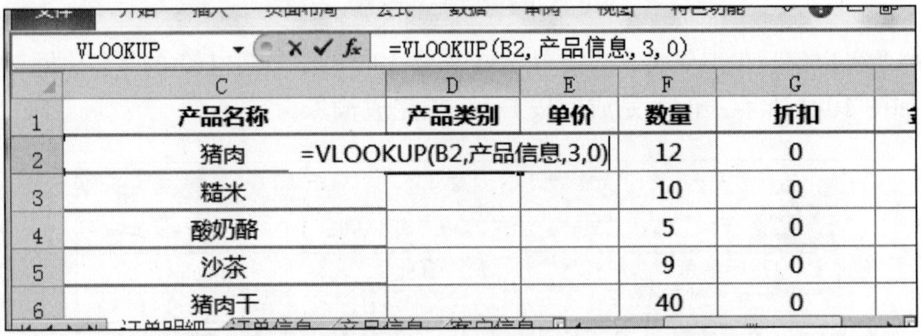

图 10-11　匹配产品类别

3）选择"订单明细"工作表，选中 E2 单元格，输入公式"=VLOOKUP(B2,产品信息,4,0)"，如图 10-12 所示，输入完成后按 Enter 键确认输入，拖动填充句柄填充到 E907 单元格。

图 10-12　匹配产品单价

（3）设置"订单明细"工作表中 G 列单元格格式，折扣为 0 的单元格显示为"-"，折扣大于 0 的单元格显示为百分比格式，并保留 0 位小数。操作步骤如下：

选中 G2:G907 单元格区域，单击鼠标右键，从弹出的快捷菜单中选择【设置单元格格式】命令弹出【设置单元格格式】对话框，在【数字】选项卡中的【分类】列表框中选中【自定义】选项，在右侧的【类型】文本框中删除默认内容"G/通用格式"，然后输入"[=0]"-";#0%"，如图 10-13 所示，单击【确定】按钮。

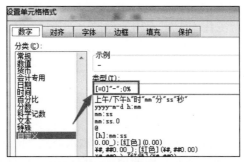

图 10-13　自定义格式设置

（4）在"订单明细"工作表中的 H 列中计算每笔订单的销售金额，公式为"金额=单价*数量*(1-折扣)"，设置 E 列和 H 列单元格为货币格式，保留两位小数。操作步骤如下：

1）选中 H2 单元格，输入公式"=E2*F2*(1-G2)"，如图 10-14 所示。输入完成后按 Enter 键确认输入，拖动填充句柄填充到 H907 单元格。

	E	F	G	H	I
1	单价	数量	折扣	金额	
2	39	12	-	=E2*F2*(1-G2)	
3	14	10	-		
4	34.8	5			
5	23.25	9			

图 10-14　按照公式计算金额

2）选中 E2:E907 和 H2:H907 单元格区域，单击鼠标右键，从弹出的快捷菜单中选择【设置单元格格式】命令打开【设置单元格格式】对话框，在【数字】选项卡下的【分类】列表框中单击选中"货币"类型，将右侧的【小数位数】设置为"2"，单击【确定】按钮，如图 10-15 所示。

知识点补充： 选择多个不连续的单元格区域，可以先选择第一个单元格区域，按住键盘上的 Ctrl 键不要松开，再选择其他单元格区域的数据，直到选择完所有单元格区域后再松开 Ctrl 键。

图 10-15　设置"货币"格式

10.2.2　在"订单信息"工作表中完成相关操作

在"订单信息"工作表中，完成下述工作。

（1）根据 B 列中的客户代码，在 E 列和 F 列填入相应的"发货地区"和"发货城市"（提示：需清除 B 列中的空格和不可见字符，对应信息可在"客户信息"工作表中查找）。操作步骤如下：

1）选择"订单信息"工作表，选中 H2 单元格，输入公式"=Trim(Clean(B2))"，如图 10-16 所示。输入完成后按 Enter 键确认输入，拖动填充句柄填充到 H342 单元格。

知识点补充：Clean(text)函数删除文本中的所有非打印字符，Trim(text)函数清除文本中所有的空格。

图 10-16　清除 B 列数据的非法字符

2）选中 H2:H342 单元格区域，使用键盘上的 Ctrl+C 组合键复制所选区域数据，选中 B2 单元格，单击鼠标右键，从弹出的快捷菜单中选择【粘贴选项/值】命令（图标为 123），如图 10-17 所示，然后选中 H 列单元格，单击鼠标右键，在弹出的快捷菜单中选择【删除】命令。

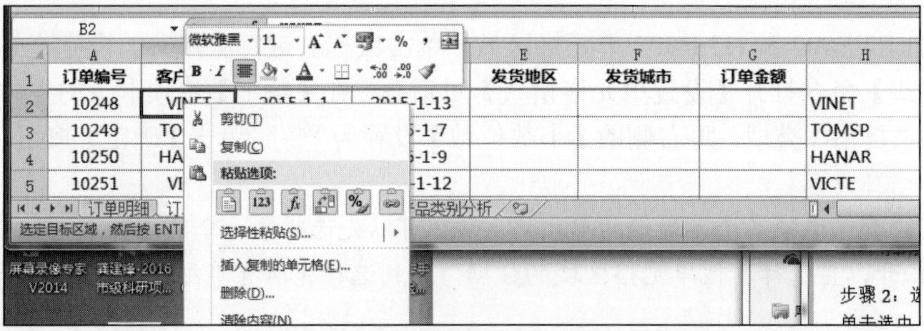

图 10-17　选择性粘贴

3）选中 E2 单元格，输入公式"=VLOOKUP(B2,客户信息,6,0)"，如图 10-18 所示。输入完成后按 Enter 键确认输入，拖动填充句柄填充到 E342 单元格。

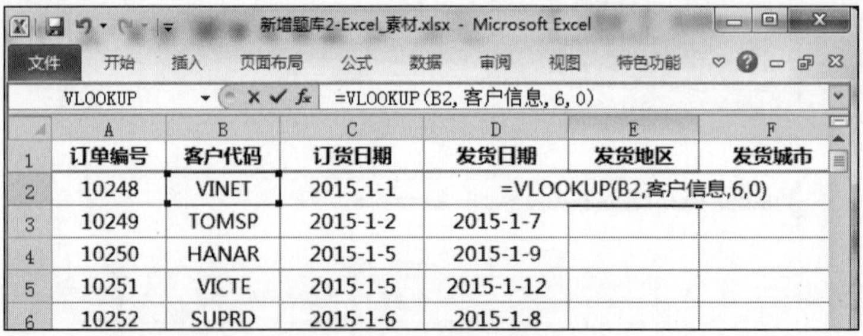

图 10-18　匹配发货地区

4）选中 F2 单元格，输入公式"=VLOOKUP(B2,客户信息,5,0)"，如图 10-19 所示。输入完成后按 Enter 键确认输入，拖动填充句柄填充到 F342 单元格。

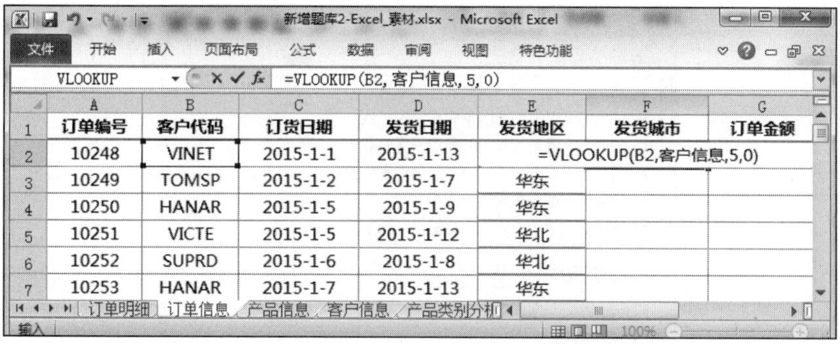

图 10-19　匹配发货城市

（2）在 G 列计算每笔订单的订单金额，该信息可在"订单明细"工作表中查找（注意：一笔订单可能包含多个产品），计算结果设置为货币格式，保留两位小数。

操作步骤：选中 G2 单元格，输入公式"=SUMIF(订单明细!$A$2: $A$907,A2,订单明细!$H$2:$H$907)"，如图 10-20 所示。输入完成后按 Enter 键确认输入，拖动填充句柄填充到 G342 单元格，然后选中 G2:G342 单元格区域，鼠标右击，从弹出的快捷菜单中选择【设置单元格格式】命令弹出【设置单元格格式】对话框，选择【数字】选项卡中的【货币】选项，小数位数设置为"2"，单击【确定】按钮。

知识点补充：使用 SUMIF 函数可以对报表范围中符合指定条件的值求和，SUMIF 函数可对满足某一条件的单元格区域求和，该条件可以是数值、文本或表达式，可以应用在人事、工资、销售统计中。SUMIF(range,criteria,sum_range)，参数 range 为用于条件判断的单元格区域，参数 criteria 为确定哪些单元格将被相加求和的条件，参数 sum_range 是需要求和的实际单元格）。

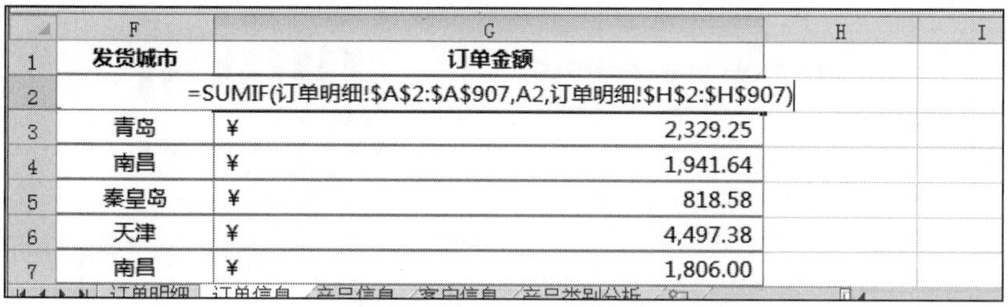

图 10-20　计算订单金额

（3）使用条件格式，将每笔订单订货日期与发货日期间隔大于 10 天的记录所在单元格填充颜色设置为"红色"，字体颜色设置为"白色，背景 1"。操作步骤如下：

在"订单信息"工作表中选中"A2:G342"数据区域，单击【开始】菜单中的【样式】功能组中的【条件格式】按钮，在下拉框中选择【新建规则】命令弹出【新建格式规则】对话框，在【选择规则类型】列表框中选择"使用公式确定要设置格式的单元格"选项，在下方的【为符合此公式的值设置格式】文本框中输入公式"=$D2-$C2>10"，单击下方的【格式】按钮弹出【设置单元格格式】对话框，选择【填充】选项卡，设置背景颜色为"标准色/红色"，再选择【字体】选项卡，设置字体颜色为"主题颜色/白色，背景 1"，单击【确定】按钮，如图 10-21 和图 10-22 所示。

图 10-21　设置条件格式

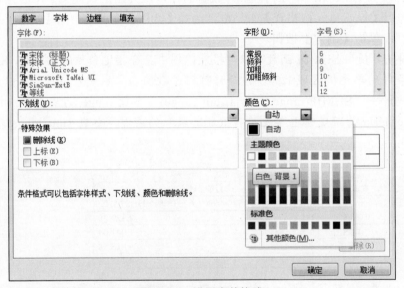

图 10-22　设置字体格式

10.2.3　在"产品类别分析"工作表中完成相关操作

（1）在 B2:B9 单元格区域计算每类产品的销售总额，设置单元格格式为货币格式，保留两位小数，并按照销售额对表格数据降序排序。操作步骤如下：

1）选择"成品类别分析"工作表，选中 B2 单元格，输入公式"=SUMIF(订单明细!$D$2:$D$907,A2, 订单明细!$H$2:$H$907)"，如图 10-23 所示。输入完成后按 Enter 键确认输入，拖动填充句柄填充到 B9 单元格。

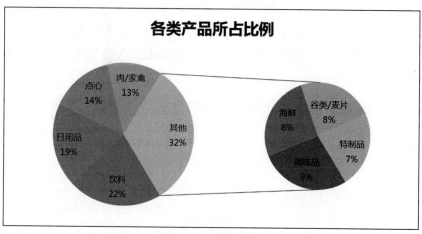

图 10-23　计算销售额

2）选中 B2:B9 单元格区域，单击鼠标右键，从弹出的快捷菜单中选择【设置单元格格式】命令弹出【设置单元格格式】对话框，选择【数字】选项卡中的【货币】选项，小数位数设置为"2"，设置完成后单击【确定】按钮。

（2）在单元格区域 D1:L17 中创建复合饼图，如图 10-24 所示。操作步骤如下：

各类产品所占比例

图 10-24　复合饼图

1）选中工作表区域"A1:B9"，单击【开始】菜单中的【编辑】功能组中的【排序和筛选】按钮，在下拉列表中选择【自定义排序】选项弹出【排序】对话框，在该对话框中将【主要关键字】选择为"销售额"，将【次序】设置为"降序"，单击【确定】按钮，如图 10-25 所示。

图 10-25　排序

2）选中工作表区域 A1:B9，单击【插入】菜单中的【图表】功能组中的【饼图】按钮，在下拉列表中选择【二维饼图/复合饼图】选项，在工作表中插入一个复合饼图，如图 10-26 所示。

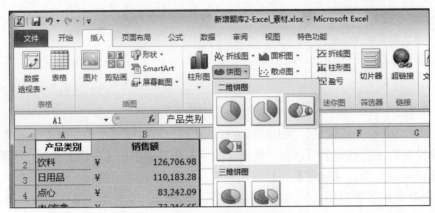

图 10-26 插入复合饼图

3）选中该饼图对象，单击【图表工具/布局】菜单中的【标签】功能组中的【图例】按钮，在下拉列表中选择"无"，选中图表对象上方的标题文本框，输入图表标题"各类产品所占比例"，如图 10-27 所示。

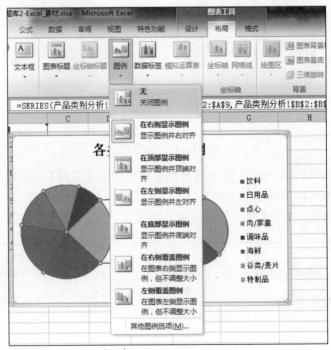

图 10-27 设置图例和图表标题

4）选中图表对象，单击【图表工具/布局】菜单中的【当前所选内容】功能组中最上端的下拉按钮，在下拉列表框中选择"系列：销售额"，然后单击下方的【设置所选内容格式】选项弹出【设置数据系列格式】对话框，在右侧的【第二绘图区包含最后一个】对应的文本框中输入"4"，单击上方的【系列分割依据】下拉按钮，在下拉列表中选择"百分比值"选项，其他选项采用默认设置，单击【关闭】按钮，如图 10-28 所示。

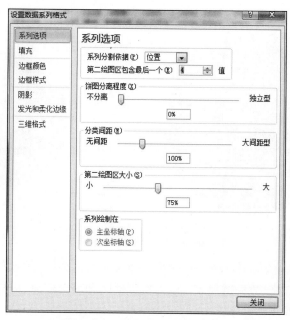

图 10-28　设置第二绘图区格式

5）选中图表对象，单击【图表工具/布局】菜单中的【标签】功能组中的【数据标签】按钮，在下拉列表中选择【其他数据标签】选项弹出【设置数据标签格式】对话框，在右侧的【标签选项】中仅勾选【类别名称】和【百分比】两个复选框，在【标签位置】中勾选【数据标签内】单选按钮，单击【关闭】按钮，如图 10-29 所示。

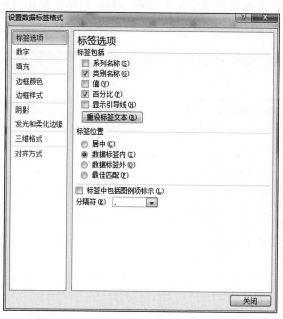

图 10-29　【设置数据标签格式】对话框

6）适当调整图表对象的大小及位置，将其放置于工作表的 D1:L17 单元格区域中，复合饼图的最终效果如图 10-30 所示。

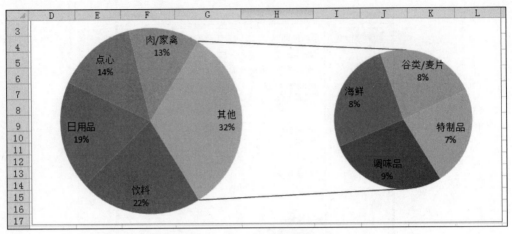

图 10-30　复合饼图的最终效果

（3）在所有工作表的最后创建一个名为"地区和城市分析"的新工作表，并在该工作表的 A1:C19 单元格区域创建数据透视表，以便按照地区和城市汇总订单总额。数据透视表的设置与图 10.7 一致。操作步骤如下：

1）单击工作表"产品类别分析"右侧的【插入工作表】按钮，新建一个空白工作表 Sheet1，双击工作表名 Sheet1，修改工作表名为"地区和城市分析"。

2）选中"订单信息"工作表中的 A1:G342 数据区域，单击【插入】菜单中的【表格】功能组中的【数据透视表】按钮，弹出【创建数据透视表】对话框，在【选择放置数据透视表的位置】选项组中选择【现有工作表】选项，在【位置】文本框中单击右侧的【压缩对话框】按钮，再单击选中"地区和城市分析"工作表的 A1 单元格，单击【确定】按钮，如图 10-31 所示。

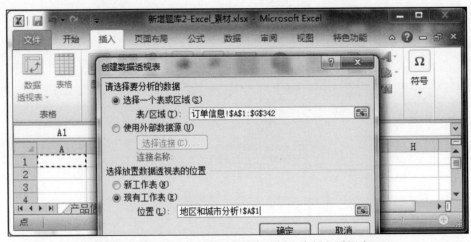

图 10-31　在新表"地区和城市分析"中插入透视表

3）在"地区和城市分析"工作表中，参考图 10-7，将右侧【数据透视表字段列表】窗格中的"发货地区"和"发货城市"两个字段分别拖动到下方的【行标签】区域中,将"订单金额"字段拖动到【数值】区域中,如图10-32所示。

图10-32　透视表字段系列设置

4)选中 A1:B25 单元格区域,单击【数据透视表工具】菜单,选择【选项】选项卡中的【数据透视表】功组中的【选项】按钮,如图10-33所示,在下拉列表中选择【选项】命令弹出【数据透视表选项】对话框,在【布局和格式】选项卡中勾选【合并且居中排列带标签的单元格】复选框,选择【显示】选项卡,取消勾选【显示展开/折叠按钮】复选框,单击【确定】按钮。

图10-33　设置透视表格式的【选项】按钮

5）单击【数据透视表工具/设计】选项卡中的【布局】功能组中的【分类汇总】按钮，从下拉列表中选择【不显示分类汇总】命令，单击右侧的【报表布局】按钮，在下拉列表中选择【以表格形式显示】项，如图 10-34 和图 10-35 所示。

图 10-34　设置透视表格式的【分类汇总】按钮

图 10-35　设置透视表格式的【报表布局】按钮

6）双击 C1 单元格，在【自定义名称】文本框中输入文本"订单金额汇总"，单击【确定】按钮，如图 10-36 所示；选中 C2:C19 单元格区域，鼠标右击，在弹出的快捷菜单中选择【设置单元格格式】命令弹出【设置单元格格式】对话框，在【数字】选项卡中的【分类】列表框中选择"货币"类型，设置【小数位数】为"2"，单击【确定】按钮，关闭对话框。透视表的结果如图 10-37 所示。

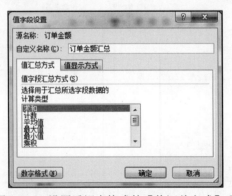

图 10-36　设置透视表格式的【值汇总方式】项

	A	B	C
1	发货地区 ▼	发货城市 ▼	订单金额汇总
2	东北	大连	¥ 44,635.01
3		北京	¥ 19,885.02
4		秦皇岛	¥ 22,670.88
5	华北	石家庄	¥ 24,460.51
6		天津	¥ 182,610.14
7		张家口	¥ 5,096.60
8		常州	¥ 25,580.56
9		南昌	¥ 5,694.16
10	华东	南京	¥ 53,004.87
11		青岛	¥ 4,392.36
12		上海	¥ 1,275.00
13		温州	¥ 33,183.73
14		海口	¥ 3,568.00
15	华南	厦门	¥ 1,302.75
16		深圳	¥ 95,755.28
17	西北	西安	¥ 2,642.50
18	西南	重庆	¥ 56,012.17
19	总计		¥ 581,769.55

图 10-37　透视表的结果

10.3　实例小结

本章从以下四个方面总结 Excel 在实际工作中的应用。

（1）Excel 的公式。Excel 公式的应用可以大大减少统计工作给人们带来的烦琐的计算量。输入 Excel 公式前务必先输入等号。在应用公式过程中要了解 Excel 运算符的先后顺序及公式中引用单元格的引用方式。公式输入完毕后，按回车键即可得到公式结果。通过公式填充或公式复制的方式即可得到其他单元格的计算结果。

（2）Excel 的函数。Excel 函数功能非常强大，是 Excel 最核心的也是最具魅力的内容。Excel 函数种类繁多，涵盖数学、统计、查找、文本、数据库、财务、信息、工程等领域。在使用函数时可以通过直接插入函数，通过对话框的方式设置每一个参数的内容，也可以通过输入等号再直接输入函数的方式完成函数的录入。

（3）图表是将数据转化为直观、形象的可视化的图像、图形。用图表表达各种数据信息，能更清晰、更有效率地处理烦琐的数据，从而帮助使用者快速且直观地得到他们想要表达的意思。

（4）数据透视表有机地综合了数据排序、筛选、分类汇总等常用数据分析方法的优点，可方便地调整分类汇总的方式，灵活地以多种不同方式展示数据的特征。

10.4　拓展练习

拓展练习一：公式的应用

在图 10-38 所示的数据基础上，计算出今年比去年多招生的人数，每年的招生总数，今年各专业人数占今年招生总人数的比例，结果如图 10-39 所示。

	A	B	C	D	E
1	招生情况表				
2	专业名称	去年人数	今年人数	今年比去年多增加的人数	今年招生人数占总人数的比例
3	计算机	300	412		
4	通信	200	248		
5	商英	280	391		
6	网络工程	196	325		
7	建筑工程技术	320	500		
8	会计电算化	230	290		
9	国贸	50	55		
10	冷空	20	29		
11	设计	150	180		
12	石油	120	140		
13	精化	80	95		
14	食品	160	180		
15	合计				

图 10-38　招生情况表数据截图

	A	B	C	D	E
1	招生情况表				
2	专业名称	去年人数	今年人数	今年比去年多增加的人数	今年招生人数占总人数的比例
3	计算机	300	412	112	14%
4	通信	200	248	48	9%
5	商英	280	391	111	14%
6	网络工程	196	325	129	11%
7	建筑工程技术	320	500	180	18%
8	会计电算化	230	290	60	10%
9	国贸	50	55	5	2%
10	冷空	20	29	9	1%
11	设计	150	180	30	6%
12	石油	120	140	20	5%
13	精化	80	95	15	3%
14	食品	160	180	20	6%
15	合计	2106	2845	739	

图 10-39　招生情况表计算结果图

（1）计算今年比去年增加的人数。

操作提示：

选择需要输入公式的D3单元格，输入等号"="，单击C3单元格，输入减号"–"，再单击B3单元格，即可得到公式"=C3-B3"，按回车键并向下填充公式即可得到其他专业新增人数的结果。

（2）合计每年招生总人数。

操作提示：

选择单元格 B15，单击【公式】→【自动求和】→【求和】选项，重新定位求和区域为B3:B14，按下回车键，即可得到去年招生总数的结果。把函数向右填充即可得到今年招生总数结果。

（3）计算今年各专业招生人数占今年总人数比例。

操作提示：

选择 E3 单元格，输入公式"=D3/D15"，把 D15 改为绝对引用$D$15，即可得到公式"=D3/$D$15"，按回车键并向下填充公式，然后再设置【百分比】即可得到其他专业占今年总人数的比例。

拓展练习二：跨表查找数据

要求：从"学生班级信息表"中查找出"学生选课表"中的班级名称。班级信息表部分数据截图如图 10-40 所示；学生选课表部分数据截图如图 10-41 所示。

	A	B	C	D
1	学生班级信息表			
2	年级	学号	姓名	班级名称
3	2011级	3110460101	黄伟平	11电气自动化(1)
4	2011级	3110460102	张嘉琪	11电气自动化(1)
5	2011级	3110460103	蔡金华	11电气自动化(1)
6	2011级	3110460104	蔡茂国	11电气自动化(1)
7	2011级	3110460105	陈国海	11电气自动化(1)
8	2011级	3110460106	陈海涛	11电气自动化(1)
9	2011级	3110460107	陈华	11电气自动化(1)
10	2011级	3110460108	陈杰	11电气自动化(1)
11	2011级	3110460109	陈龙	11电气自动化(1)
12	2011级	3110460110	陈伟杰	11电气自动化(1)

图 10-40 "学生班级信息表"部分数据截图

I	J	K	L	M	N
学生选课表					
学号	姓名	选课课号	课程代码	课程名称	班级名称
3110440106	关志强	54	0601232	GIS09000	
3110533128	梁成龙	54	0601232	GIS09000	
3110533327	林旭锋	54	0601232	GIS09000	
3110440128	周伟强	54	0601232	GIS09000	
3110531121	余意	54	0601232	GIS09000	
3110531122	张亦斯	54	0601232	GIS09000	
3110531204	陈林师	54	0601232	GIS09000	
3110320103	黄文翠	54	0601232	GIS09000	
3110533234	吴晓强	54	0601232	GIS09000	

图 10-41 "学生选课表"部分数据截图

操作提示：

（1）选择单元格 N3，输入公式"=VLOOKUP(I3,$B$3:$D$1880,3,FALSE)"，如图 10-42 所示。

学生选课表

学号	姓名	选课课号	课程代码	课程名称	班级名称
3110440106	关志强	54	0601232	GISO9000	=VLOOKUP(I3,$B$3:$D$1880,3,FALSE)
3110533128	梁成龙	54	0601232	GISO9000	
3110533327	林旭锈	54	0601232	GISO9000	
3110440128	周伟强	54	0601232	GISO9000	
3110531121	余意	54	0601232	GISO9000	
3110531122	张亦斯	54	0601232	GISO9000	
3110531204	陈林师	54	0601232	GISO9000	
3110320103	黄文翠	54	0601232	GISO9000	
3110533234	吴晓强	54	0601232	GISO9000	
3110531217	宁有丽	54	0601232	GISO9000	
3110531119	叶晓雯	54	0601232	GISO9000	
3110440107	洪守盛	54	0601232	GISO9000	

图 10-42　VLOOKUP 函数公式输入截图

VLOOKUP 函数含义：查找单元格 I3 在区域 B3:D1880 区域中出现的行，返回该行中第 3 列的数据。单元格 I3 为学号，$B$3:$D$1880 第一列也为学号，这是 VLOOKUP 函数应用的一个基本要求，即查找数据必须出现在查找区域中的第一列，否则函数将返回错误值"#N/A"。绝对应用区域$B$3:$D$1880 是确保在公式往下填充过程中查找范围不改变。

（2）按回车键，即可得到结果，向下填充公式，可以得到其他人员的班级名称，如图 10-43 所示。

学生选课表

学号	姓名	选课课号	课程代码	课程名称	班级名称
3110440106	关志强	54	0601232	GISO9000	11数控
3110533128	梁成龙	54	0601232	GISO9000	11石油化工(1)
3110533327	林旭锈	54	0601232	GISO9000	11石油化工(3)
3110440128	周伟强	54	0601232	GISO9000	11数控
3110531121	余意	54	0601232	GISO9000	11应用化工(1)
3110531122	张亦斯	54	0601232	GISO9000	11应用化工(1)
3110531204	陈林师	54	0601232	GISO9000	11应用化工(2)
3110320103	黄文翠	54	0601232	GISO9000	11旅游管理
3110533234	吴晓强	54	0601232	GISO9000	11石油化工(2)
3110531217	宁有丽	54	0601232	GISO9000	11应用化工(2)
3110531119	叶晓雯	54	0601232	GISO9000	11应用化工(1)
3110440107	洪守盛	54	0601232	GISO9000	11数控

图 10-43　VLOOKUP 函数公式填充截图

拓展练习三：FREQUENCY 统计函数应用

补充知识： FREQUENCY 函数简介。

功能： 计算数值在某个区域内的出现频率，然后返回一个垂直数组。

语法： FREQUENCY(data_array,bins_array)

参数说明:

data_array: 必需项,一个值数组或对一组数值的引用,要为它计算频率;如果 data_array 中不包含任何数值,函数 FREQUENCY 将返回一个零数组。

bins_array: 必需项,一个区间数组或对区间的引用,该区间用于对 data_array 中的数值进行分组;如果 bins_array 中不包含任何数值,函数 FREQUENCY 返回的值与 data_array 中的元素个数相等。

操作要求:

统计出图 10-44 所示中小于等于 70 的个数,小于等于 79 大于 70 的个数,小于等于 89 大于 79 的个数,大于 89 的个数。

操作提示:

(1)在第 B 列输入区间分割点,如图 10-45 所示。

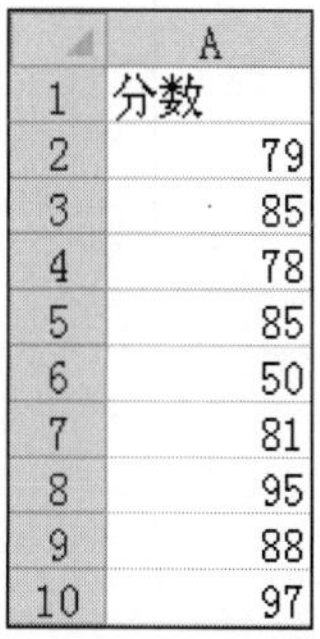

图 10-44 分数统计表

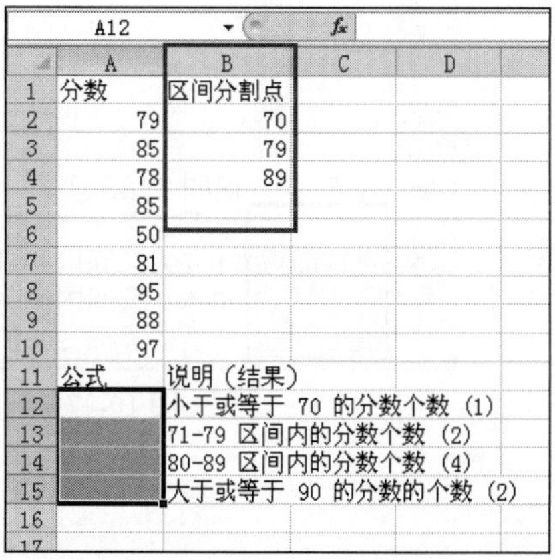

图 10-45 区间分割点与结果区域截图

(2)选择数列 A12:A15 单元格区域,在编辑栏输入公式 "=FREQUENCY (A2:A10,B2:B4)",如图 10-46 所示。(注:数组函数输入前须选择多个连续的单元格,因为数组函数值返回到数组时,每个单元格接收数组中的一个值。)

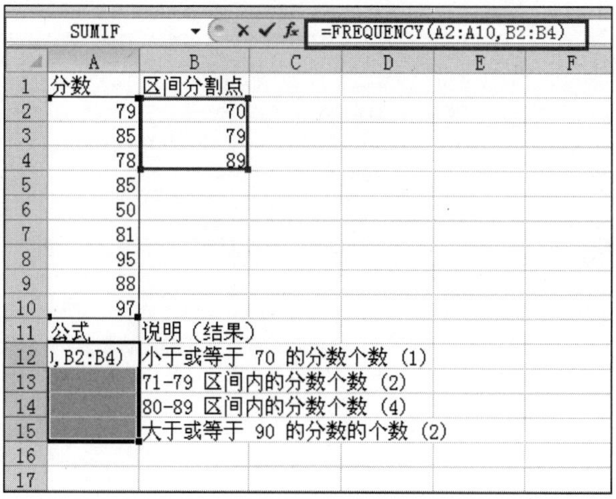

图 10-46 输入 FREQUENCY 函数截图

（3）按下 Ctrl+Shift+Enter 组合键即可得到每个区间段的个数，其中单元格 A12 中的值表示小于等于 70 分的个数，单元格 A13 中的值表示大于 70 并小于 80 的个数，单元格 A14 中的值表示大于 80 小于 89 的个数，单元格 A15 中的值表示大于 90 的个数，如图 10-47 所示。公式中的大括号{}为数组公式的标志。（注：数组公式在输入时，不能只是按回车键，如本例中要按下 Ctrl+Shift+Enter 组合键后，方可返回 4 个区间段的数值个数。）

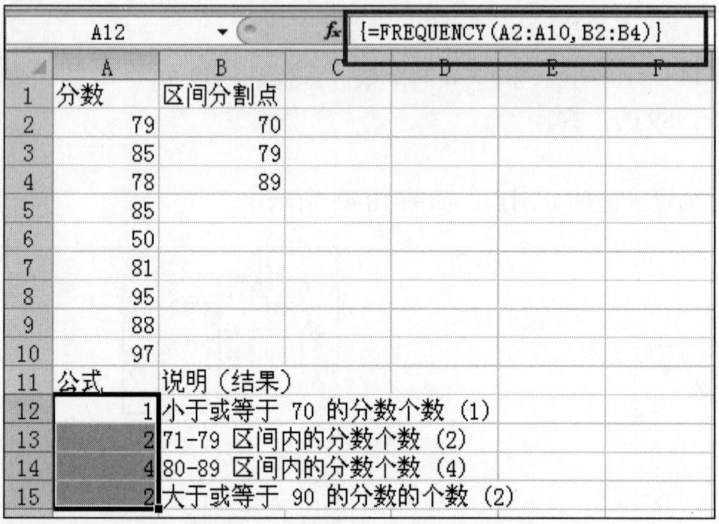

	A12	▼	fx	{=FREQUENCY(A2:A10,B2:B4)}		
	A	B	C	D	E	F
1	分数	区间分割点				
2	79	70				
3	85	79				
4	78	89				
5	85					
6	50					
7	81					
8	95					
9	88					
10	97					
11	公式	说明（结果）				
12	1	小于或等于 70 的分数个数（1）				
13	2	71-79 区间内的分数个数（2）				
14	4	80-89 区间内的分数个数（4）				
15	2	大于或等于 90 的分数的个数（2）				

图 10-47　数组公式结果截图

第 11 章　成绩统计表制作

学习目标

- 掌握序列填充的操作方法
- 掌握电子表格记录单的使用方法
- 掌握条件格式的设置方法
- 掌握常用函数的应用
- 掌握图表的创建方法

11.1　实例简介

在日常教学工作中，教师经常会遇到成绩统计的事情，每次考试之后，产生大量的数据，对这些数据的登记、统计、分析等工作成了一件颇为费时费力的事情。对学生的成绩进行统计分析管理是一项非常重要而又烦琐的工作。在计算机广泛普及的今天，利用 Excel 强大的数据处理功能，可以让各位老师迅速完成对学生成绩的各项分析统计工作。本章主要从序列填充、记录单的使用、条件格式设置、常用函数的应用、图表的创建等方面向大家介绍一些利用 Excel 进行学生成绩管理的技巧，最终效果如图 11-1 所示。

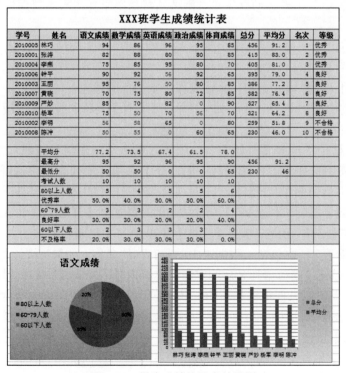

图 11-1　学生成绩统计表效果图

11.2　实例制作

11.2.1　制作成绩表

1. 制作成绩表结构

启动 Excel 2010，在 Sheet1 的 A1 单元格中输入标题"XXX 班学生成绩统计表"，在 A2:K2 单元格中分别输入"学号""姓名""语文成绩""数学成绩""英语成绩""政治成绩""体育成绩""总分""平均分""名次""等级"；在 B14:B23 单元格中分别输入"平均分""最高分""最低分""考试人数""80 以上人数""优秀率""60～79 人数""良好率""60 以下人数""不及格率"，参见图 11-1。

2. 输入成绩表中数据

在成绩表中输入数据通常有如下两种方法。

方法一：直接在对应的单元格中输入数据。具体操作步骤如下所述。

（1）在 A3:A12 单元格中输入学号，有如下两种常用方法：

1）如果将学号作为数值型数据处理，则在 A3、A4 单元格中分别输入前两名学生的学号如"2010001"和"2010002"，然后选中 A3:A4 单元格区域，接着拖动填充句柄至 A12 单元格以填充其余学生学号（以 10 个学生为例）。

2）如果将学号作为文本型数据处理，则在 A3 单元格中输入",2010001"，按回车键，然后拖动填充句柄至 A12 单元格。

提示：如果输入以 0 开头的数字串，则必须将数字串作为文本型数据处理，否则无法显示开头的 0。

（2）在 B3:G12 单元格中直接输入对应的"姓名""语文成绩""数学成绩""英语成绩""政治成绩""体育成绩"。

方法二：使用记录单输入数据。具体操作步骤如下所述。

1）将记录单添加到功能组。步骤如下：单击【文件】菜单，选择【选项】按钮打开【Excel 选项】对话框，在左侧窗格中选择【自定义功能区】选项。

2）在右侧窗格中的选择【开始】主选项卡，单击【新建组】按钮，在【从下列位置选择命令】下拉列表中选择【不在功能区中的命令】选项，从列表框中选择【记录单】选项，单击【添加】按钮，如图 11-2 所示。

3）单击【确定】按钮，【记录单】功能按钮即被添加到【开始】菜单中，如图 11-3 所示。

选中数据表中任一单元格，单击【文件】菜单中的【记录单】按钮，打开一个记录单对话框，如图 11-4 所示，其中包含了数据表中的所有列的名称。如果需要添加一个新的数据行，只需单击【新建】按钮，在数据列名后的空白文本框内填入新记录中各列对应的值即可。利用【记录单】功能不仅可以方便地添加新的记录，还可以利用它在表单中搜索特定的单元格。首先单击【条件】按钮，对话框中所有列数据都将被清空，此时在相应的列名下键入查询条件，然后单击【下一条】按钮或【上一条】按钮来进行查询，这时符合条件的记录将分别出现在该对话框中相应列的文本框中。这种方法尤其适合具有多个查询条件的查询中，只要在对话框的多个列文本框中同时输入相应的查询条件即可。这样就可以使用 Excel 2010 记录单来管理数据，为工作提供很大的方便。

图 11-2 【Excel 选项】对话框

图 11-3 【开始】菜单中新添加的【记录单】按钮

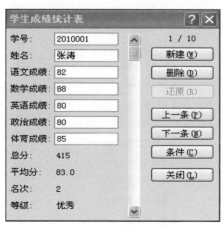

图 11-4 记录单对话框

　　提示： 在大型工作表中，向一个数据量较大的工作表中插入一行新记录的过程中，有许多时间白白浪费在来回切换行和列的位置上，在对数据进行修改、查询时将会非常不便。Excel 的 "记录单" 可以帮助用户在一个小窗口中完成输入数据的工作，不必在长长的工作表中进行输入，使用记录单操作工作表中的数据记录相对更方便、快捷。在 Excel 2010 版本中，启动后却没有找到这个强大的功能，其实 Excel 2010 是隐藏了一些功能，需要手动添加后才可以使用。要想使用记录单功能，需要通过【Excel 选项】窗口将其添加到【开始】菜单的功能组中。

　　3. 设置成绩表的格式

　　（1）设置标题单元格格式。选中 A1:K1 单元格，单击【开始】菜单中的【合并后居中】按钮，如图 11-5 所示，合并 A1:K1 单元格并使其中的数据居中显示，并将标题字号设置为20 磅。

图 11-5　【合并后居中】按钮

　　（2）设置列宽和行高。选中 A 至 K 列，单击【开始】菜单中的【格式】下拉列表中的【自动调整列宽】选项，设置合适的列宽，如图 11-6 所示。同理，选中 1 至 23 行，单击【格式】下拉列表中的【自动调整行高】选项，设置合适的行高。

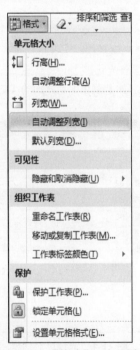

图 11-6　【格式】下拉列表

（3）应用单元格样式。选中 A2:K23 单元格，单击【开始】菜单中的【单元格样式】下拉列表中的"强调文字颜色 5"样式，如图 11-7 所示，即可快速设置数据区域的外观格式。

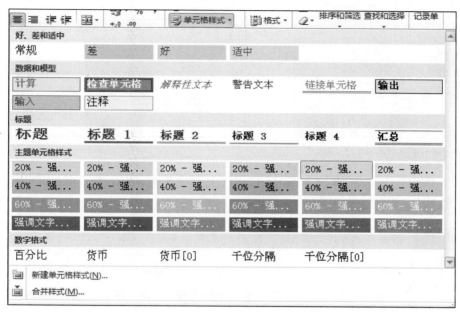

图 11-7 【单元格样式】下拉列表

提示："单元格样式"是事先设置好的一组单元格格式，使用【单元格样式】功能可以快速设置单元格的格式。

11.2.2 利用定位条件功能批量输入相同的数据

将成绩区域中空白的单元格批量输入成绩 0，操作步骤如下：

（1）选中数据表中 C3:G12 单元格。

（2）按下功能键 F5 弹出【定位】对话框，如图 11-8 所示。

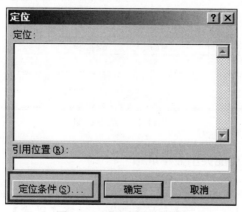

图 11-8 【定位】对话框

（3）选择【定位条件】中的【空值】选项，单击【确定】按钮，如图 11-9 所示，再单击【确定】按钮，数据表中所有空白单元格均被选中，如图 11-10 所示。

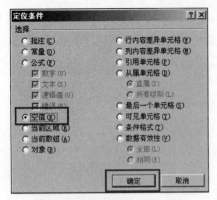

语文成绩	数学成绩	英语成绩	政治成绩	体育成绩
94	86	96	95	85
82	88	80	80	85
75	85	95	80	70
90	92	56	92	65
95	76	50	80	85
70	75	80	72	85
85	70	82		90
75	50	70	56	70
56	58	65		80
50	55		60	65

图 11-9　【定位条件】对话框　　　　　　　　图 11-10　选中所有空白单元格

（4）在编辑框中输入"0"，如图 11-11 所示，按下 Ctrl+Enter 组合键，即可对所有空白单元格填充"0"，填充结果如图 11-12 所示。

图 11-11　编辑框录入

语文成绩	数学成绩	英语成绩	政治成绩	体育成绩
94	86	96	95	85
82	88	80	80	85
75	85	95	80	70
90	92	56	92	65
95	76	50	80	85
70	75	80	72	85
85	70	82	0	90
75	50	70	56	70
56	58	65	0	80
50	55	0	60	65

图 11-12　填充结果

11.2.3　利用条件格式功能突出显示成绩

统计学生成绩时经常需要对各科目不及格的分数用红色突出显示，操作方法如下：选中数据表中 C3:G12 单元格区域，单击【开始】菜单，选择【样式】功能组中的【条件格式】下拉列表中的【新建规则】选项，如图 11-13 所示，弹出【新建格式规则】对话框，如图 11-14 所示，在【选择规则类型】列表中选择第二项【只为包含以下内容的单元格设置格式】选项，默认为"单元格值"，中间运算符选择"小于"，右边文本框中输入"60"，单击【格式】按钮，从中选择"红色"，再单击两次【确定】按钮，返回数据表窗口，便可将小于 60 分的分数突出显示为红色。

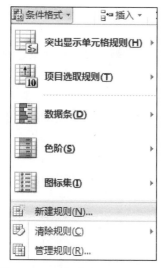

图 11-13 　【条件格式】下拉列表

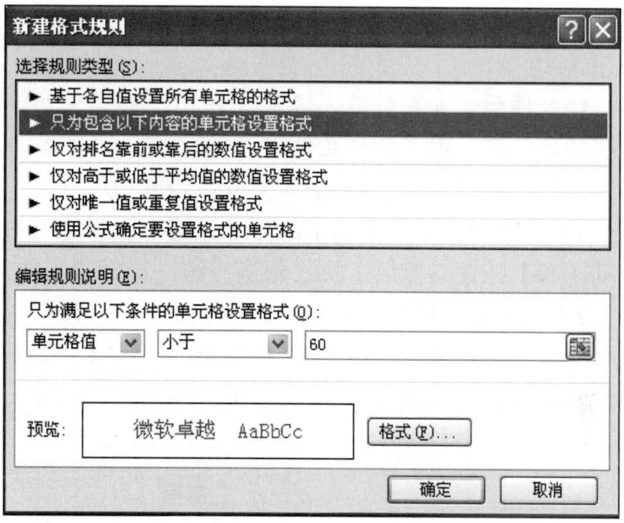

图 11-14 　【新建格式规则】对话框

11.2.4　利用函数计算统计成绩

1．计算总分并按"总分"排序

函数名称：SUM

语法：SUM(number1,number2,…)

功能：计算单元格区域中所有数值的和。

参数说明：number1、number2、…为需要计算的值，可以是具体的数值、引用的单元格（区域）、逻辑值等。

（1）计算总分操作步骤：

1）选中第一个学生对应的总分单元格 H3，单击【开始】菜单中的【编辑】功能组中的【∑ 自动求和】按钮。

2）选中单元格区域 C3:G3，按下回车键，得出第一个学生的总分。

3）选中单元格 H3，拖动填充柄至 H12，即可复制函数分别计算出每个学生的总分。

（2）按"总分"降序排序操作步骤：

选中 H 列中任一有数据的单元格，单击【开始】菜单中的【排序和筛选】按钮，在弹出的下拉列表中选择【降序】选项，如图 11-15 所示，即可按照总分从高到低排序。

图 11-15 　【排序和筛选】下拉列表

2. 计算平均分

函数名称：AVERAGE

语法：AVERAGE(number1,number2,…)

功能：求出所有参数的算术平均值。

参数说明：number1、number2、…为需要求平均值的数值或引用单元格（区域），参数不能超过 30 个。

特别提醒： 如果引用区域中包含"0"值单元格，则计算在内；如果引用区域中包含空格或字符单元格，则不计算在内。

（1）计算每位学生的平均分操作步骤：

1）选中第一个学生的平均分单元格 I3，单击【开始】菜单中的【编辑】功能组中的【Σ自动求和】按钮右侧的下拉三角形按钮，选择【平均值】选项。

2）选中单元格区域 C3:G3，按下回车键，即可求出第一个学生的平均分。如果需要将平均分保留一位小数，则选中 I3 单元格，单击【开始】菜单中的【数字】功能组中的【增加小数位数】按钮，如图 11-16 所示，即可保留一位小数。

图 11-16 【增加小数位数】按钮

3）选中 I3 单元格，向下拖动填充柄至 I12 单元格，即可复制函数分别计算出每个学生的平均分。

（2）计算每个科目的平均分操作步骤：

1）选中第一个科目语文对应的平均分单元格 C14，单击【开始】菜单中的【编辑】功能组中的【Σ自动求和】按钮右侧的下拉三角形按钮，选择【平均值】选项。

2）选中单元格区域 C3:C12，按下回车键，得出语文科目的平均分。同理，如果需要将平均分保留一位小数，则选中 C14 单元格，单击【开始】菜单中的【数字】功能组中的【增加小数位数】按钮，即可保留一位小数。

3）选中 C14 单元格，向右拖动填充柄至 G14 单元格，即可复制函数分别计算出每个科目的平均分。

3. 排名次

函数名称：RANK

语法：RANK(number,ref,order)

功能：返回某数字在一列数字中相对于其他数值的大小排位。

参数说明：

number：需要排名次的单元格名称或数值。

ref：引用单元格（区域）。

order：排名的方式为，非零值为由小到大，即升序；0 为由大到小，即降序。

计算每位学生的名次操作步骤:

（1）选中第一个学生的名次单元格 J3，单击【开始】菜单中的编辑栏左侧的【f_x】按钮，如图 11-17 所示，弹出【插入函数】对话框。

图 11-17 f_x（插入函数）按钮

（2）单击【或选择类别】下拉按钮选择"全部"选项，在【选择函数】列表中选择 RANK 函数，如图 11-18 所示，弹出【函数参数】对话框。

图 11-18 【插入函数】对话框

（3）分别输入各参数，如图 11-19 所示，在【Number】参数框中输入第一名学生的平均分单元格名称 I3（或直接单击单元格 I3），这里使用单元格相对引用是由于每个学生的平均分单元格是变化的；在【Ref】参数框中输入排名的范围，即 $I$3:$I$12，这里使用绝对引用是由于所有学生都在同一个范围里面排名，该范围是固定不变的；在【Order】参数框中输入 0 意味着按降序排序。

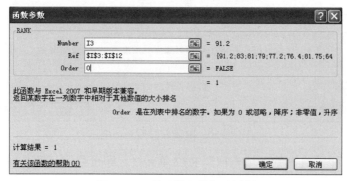

图 11-19 【函数参数】对话框

（4）选中 J3 单元格，拖动填充柄至 J12 单元格，即可复制函数分别计算出每个学生的名次。

注意： 在【Number】参数框中输入该学生平均分对应的单元格名称而不是总分单元格名称，原因在于考虑到有些同学可能在某些科目拥有免考权，这样采用平均分来排名就比较公平；在【Ref】参数框中输入的单元格区域应该采用绝对应用，这样便于复制该公式来计算其他学生的排名。

提示： 相对引用与绝对引用的区别。引用的单元格因为公式的位置变化而变化，这就是相对引用；引用的单元格固定不变，不会随着公式的位置变化而变化，这就是绝对引用。符号 $ 在公式中起绝对引用的作用。

4. 计算等级

函数名称：IF

语法：IF(logical,value_if_true,value_if_false)

功能：根据对指定条件的逻辑判断的真假结果，返回相对应的内容。

参数说明：logical 代表逻辑判断表达式；value_if_true 表示当判断条件为逻辑"真（TRUE）"时的显示内容，如果忽略返回"TRUE"；value_if_false 表示当判断条件为逻辑"假（FALSE）"时的显示内容，如果忽略返回"FALSE"。

本例中将学生成绩划分为三个等级，即大于等于 80 分为优秀等级，60 分至 79 分为良好等级，小于 60 分为不合格等级。计算每位学生等级的操作步骤如下：

（1）选中第一个学生的等级单元格 K3，单击【开始】菜单中的【f_x】按钮，弹出【插入函数】对话框。

（2）单击【选择类别】下拉按钮选择"全部"选项，在【选择函数】列表中选择 IF 函数，弹出【函数参数】对话框。

（3）分别输入各参数，如图 11-20 所示，在【Logical_test】参数框中输入第一名学生的平均分判断表达式 I3>=80；在【Value_if_true】参数框中输入满足该表达式赋予的等级，如"优秀"；在【Value_if_false】参数框中输入不满足该表达式赋予的等级，这里由于"优秀"之后还有两个等级，因此需要进行二次判断，即嵌套一个 IF 函数到第三个参数框"IF(I3>=60,"良好","不合格")"；单击【确定】按钮返回数据表区即可求出第一名学生的等级。

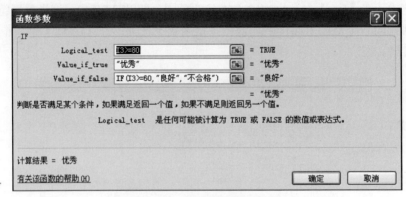

图 11-20　IF 函数参数对话框

（4）选中 K3 单元格，拖动填充柄至 K12 单元格，即可复制函数分别计算出每个学生的等级。

5. 计算各科最高分

函数名称：MAX

语法：MAX(number1,number2,…)

功能：返回一组数值中的最大值，忽略逻辑值及文本。

参数说明：number1、number2、…为需要求最大值的数值或引用单元格（区域），参数不能超过 30 个。

计算每个科目的最高分操作步骤：

（1）选中第一个科目语文存放最高分结果的单元格 C15，单击【开始】菜单中的【编辑】功能组中的【∑自动求和】右侧的下拉三角形按钮，选择【最大值】选项。

（2）选中单元格 C3:C12 单元格，按下回车键，即可求出语文科目的最高分。

（3）选中 C15 单元格，向右拖动填充柄至 G15 单元格，即可复制函数分别计算出每个科目的最高分。

6. 计算各科最低分

函数名称：MIN

语法：MIN(number1,number2,…)

功能：返回一组数值中的最小值，忽略逻辑值及文本。

参数说明：number1、number2、…为需要求最小值的数值或引用单元格（区域），参数不能超过 30 个。

计算每个科目的最低分操作步骤：

（1）选中第一个科目语文存放最低分结果的单元格 C16，单击【开始】菜单中的【编辑】功能组中的【∑自动求和】右侧的下拉三角形按钮，选择【最小值】选项。

（2）选中单元格 C3:C12 单元格，按下回车键，即可求出语文科目的最低分。

（3）选中 C16 单元格，向右拖动填充柄至 G16 单元格，即可复制函数分别计算出每个科目的最低分。

7. 统计各科考试人数

函数名称：COUNT

语法：COUNT(value1,value2…)

功能：统计参数表中数字参数或包含数字的单元格数目。

参数说明：value1、value2、…为需要统计的数字参数或引用的单元格（参数总数目不得超过 30 个）。

注意：如果参数为文本格式或引用的单元格中的内容是非数字格式，COUNT 函数一律不统计；若需要统计文本参数或包含文本的单元格数目，请使用 COUNTA 函数。

计算每个科目的考试人数的操作步骤：

（1）选中第一个科目语文存放考试人数的单元格 C17，单击【开始】菜单中的【编辑】功能组中的【∑自动求和】右侧的下拉三角形按钮，选择【计数】选项。

（2）选中单元格 C3:C12 单元格，按下回车键，即可统计出语文科目的考试人数。

（3）选中 C17 单元格，向右拖动填充柄至 G17 单元格，即可复制函数分别计算出每个科目的考试人数。

8. 统计各分数段人数

方法一：使用 COUNTIF 函数统计

函数名称：COUNTIF

功能：统计某个单元格区域中符合指定条件的单元格数目。

格式：COUNTIF(range,criteria)

参数说明：range 代表要统计的单元格区域；criteria 表示指定的条件表达式。

特别提醒： 允许引用的单元格区域中有空白单元格出现。

统计每个科目的各分数段的人数的操作步骤：

（1）选中语文科目用于存放 80 分以上人数的单元格 C18，单击【开始】菜单中的【f_x】按钮，弹出【插入函数】对话框。

（2）单击【选择类别】下拉按钮选择"全部"选项，在【选择函数】列表中选择 COUNTIF，弹出【函数参数】对话框。

（3）分别输入各参数，如图 11-21 所示，在【Range】参数框中输入语文成绩的单元格区域$C$3:$C$12；在【Criteria】参数框中输入指定的条件表达式>=80；单击【确定】按钮返回数据表区即可统计出语文科目大于等于 80 分的人数。

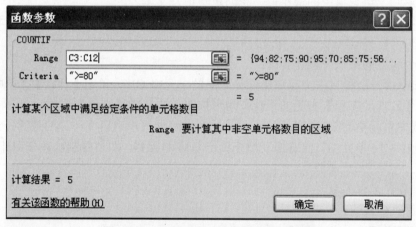

图 11-21 COUNTIF【函数参数】对话框

（4）选中 C18 单元格，拖动填充柄至 G18 单元格，即可复制函数分别统计出其余科目大于等于 80 分的人数。

（5）选中 C20 单元格，输入公式"=COUNTIF($C$3:$C$12,">=60")-COUNTIF($C$3:$C$12," >=80")"，按下回车键，即可统计出语文科目介于 60 至 79 分之间的人数。

（6）选中 C20 单元格，拖动填充柄至 G20 单元格，即可统计出其余科目介于 60 至 79 分之间的人数。

（7）同理，选中 C22 单元格，输入公式"=COUNTIF($C$3:$C$12,"<60")"，按下回车键，即可统计出语文科目小于 60 分的人数。

（8）选中 C22 单元格，拖动填充柄至 G22 单元格，即可统计出其余科目小于 60 分的人数。

9. 计算优秀率、良好率、不及格率

（1）计算优秀率的操作方法如下：

1）选中语文科目用于存放优秀率的单元格 C19，输入公式"=C18/C17"，按下回车键，即可算出语文科目的优秀率。

2）选中 C19 单元格，单击【开始】菜单中的【数字】功能组中的【百分比样式】按钮，如图 11-22 所示，即可轻松地将小数转换为百分比格式。通过单击工具栏的【增加小数位数】或【减少小数位数】按钮，可以调整百分比的小数位数。

3）选中 C19 单元格，拖动填充柄至 G19 单元格，即可算出其余科目的优秀率。

（2）计算良好率的操作方法如下：

1）选中 C19 单元格，单击【开始】菜单中的【剪贴板】功能组中的【复制】按钮。

2）选中语文科目用于存放良好率的单元格 C21，单击【开始】菜单中的【剪贴板】功能组中的【粘贴】按钮下方的下拉三角形按钮，选择第一行第三列的【公式和数字格式】选项，如图 11-23 所示，即可算出语文科目的良好率。

图 11-22　【百分比样式】按钮

图 11-23　【粘贴】按钮下拉列表

3）选中 C21 单元格，拖动填充柄至 G21 单元格，即可算出其余科目的良好率。

（3）计算不及格率的操作方法与计算良好率的方法类似，不再重复。

11.2.5　利用图表分析成绩

图表是一种很好的将数据直观、形象地"可视化"的手段。为了对各科的分数段以及每个学生的总分和平均分有一个较直观的认识，可以采用图表来分析。按照 Excel 对图表类型的分类，图表类型包括条形图、柱状图、折线图、饼图、散点图、面积图、圆环图、雷达图、气泡图、股价图等。不同类型的图表可能具有不同的构成要素，如折线图一般要有坐标轴，而饼图一般没有。归纳起来，图表的基本构成要素有标题、刻度、图例和主体等。

1. 为语文科目各分数段的人数创建饼图图表

（1）将鼠标定位到工作表中任意一个单元格，选择【插入】菜单命令。

（2）在【图表】功能组中单击【饼图】按钮，弹出下拉列表，如图 11-24 所示，选择【二维饼图】中的第一种类型【饼图】。

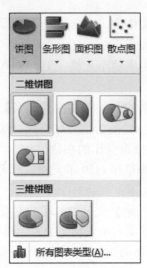

图 11-24　【饼图】下拉列表

（3）将图表区拖动到空白的区域，在功能组中选择图表布局和样式，例如选择布局 1、样式 2，如图 11-25 所示。

图 11-25　【选择数据】按钮

（4）单击【数据】功能组中的【选择数据】按钮，弹出【选择数据源】对话框，如图 11-26 所示。

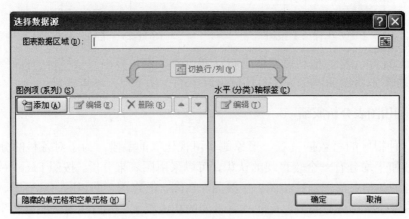

图 11-26　【选择数据源】对话框 1

（5）将光标定位到【图表数据区域】文本框，移动鼠标至数据表区，按住 Ctrl 键同时选中 B18:C18、B20:C20 和 B22:C22 单元格区域，返回【选择数据源】对话框。

（6）单击【选择数据源】对话框中的【切换行/列】按钮，将各分数段的名称添加到【水平（分类）轴标签】的列表框中。

（7）选中左侧【图例项（系列）】列表中的"系列1"，单击【编辑】按钮，弹出【编辑数据系列】对话框，如图 11-27 所示。

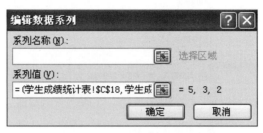

图 11-27　【编辑数据系列】对话框

（8）将鼠标定位到【系列名称】框中，再移动鼠标到数据区选择 C3 单元格，单击【确定】按钮返回【选择数据源】对话框，效果如图 11-28 所示。

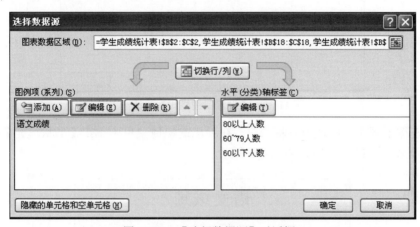

图 11-28　【选择数据源】对话框 2

（9）单击【确定】按钮关闭【选择数据源】对话框，一个语文科目各分数段的饼型图表就显示在数据区。

（10）在图表区的"图例"处鼠标右击，弹出快捷菜单，如图 11-29 所示，选择【设置图例格式】选项弹出【设置图例格式】对话框，如图 11-30 所示，可将图例设置到不同的位置，例如，选择【靠左】，单击【关闭】按钮返回数据区，图例即在左侧显示。

图 11-29　"图例"快捷菜单

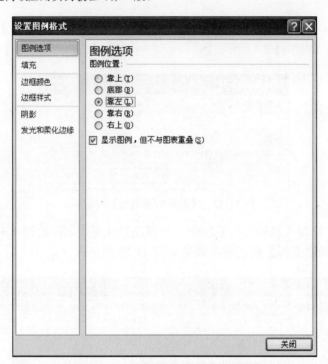

图 11-30　【设置图例格式】对话框

（11）在图表区空白的地方鼠标右击，在弹出的快捷菜单中单击【形状填充】按钮，可设置图表的底纹效果，最终效果如图 11-31 所示。

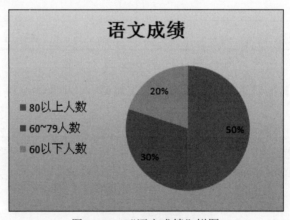

图 11-31　"语文成绩"饼图

2．为每个学生的总分和平均分创建条形图表

（1）将鼠标定位到工作表中任意一个单元格，选择【插入】菜单命令。

（2）在【图表】功能组中单击【柱形图】按钮，弹出下拉列表，选择第一种类型【二维柱形图】中的【簇状柱形图】样式，如图 11-32 所示。

（3）将图表区拖动到空白的区域，在【图表工具】菜单中的【设计】选项中选择【图表布局】和【图表样式】功能区中的合适项，例如选择布局3、样式2，如图 11-33 所示。

（4）单击【数据】功能组中的【选择数据】按钮，弹出【选择数据源】对话框。

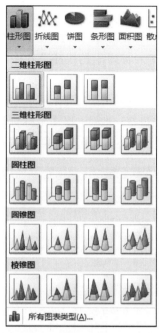

图 11-32 【柱形图】下拉列表

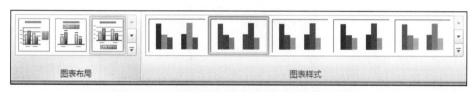

图 11-33 【图表布局】和【图表样式】功能区

（5）将光标定位到【图表数据区域】文本框，移动鼠标至数据表区，按住 Ctrl 键同时选中 B2:B12 和 H2:I12 单元格区域，返回【选择数据源】对话框，如图 11-34 所示，单击【切换行/列】按钮，将"姓名"作为水平轴标签，将"总分"和"平均分"作为图例项（注意：务必将字段名称"姓名""总分"和"平均分"单元格一起选中）。

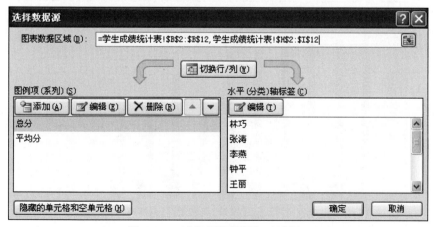

图 11-34 【选择数据源】对话框 3

（6）单击【确定】按钮关闭【选择数据源】对话框，每位学生"总分"和"平均分"的柱形图表显示在数据区。

（7）在图表区空白的地方右击，在弹出的快捷菜单中单击【形状填充】按钮，可设置图表的底纹效果。

（8）在图表的刻度区鼠标右击，在弹出的快捷菜单中选择【设置坐标轴格式】选项弹出【设置坐标轴格式】对话框，如图 11-35 所示，将【坐标轴选项】中的【主要刻度单位】设置为【固定】，输入 20.0，即可将图标区纵坐标刻度的间隔设置为 20。

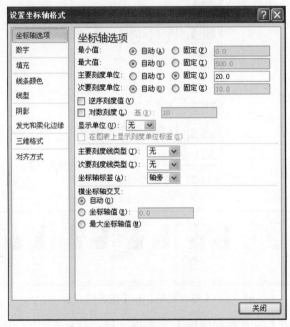

图 11-35 【设置坐标轴格式】对话框

（9）单击【关闭】按钮返回数据表，鼠标右击刻度区将刻度的字号设置为 8 磅，最终效果如图 11-36 所示。

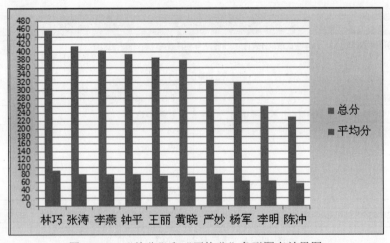

图 11-36 "总分"和"平均分"条形图表效果图

11.2.6 将成绩表保存为模板

为了今后的成绩处理不再重复上述烦琐的工作，可以把上述工作表另存为一个模板。具体操作方法：将工作表复制一份到另一工作簿中，然后删掉所有学生的单科成绩（即表中C3:G12 部分），执行【文件】菜单中的【另存为】命令，在【保存类型】下拉列表框中选"模板（*.xltx）"，把它保存为一个模板文件，下次就可以利用该模板新建工作簿了。

11.2.7 保护成绩统计表

如果不想让他人有意或无意地修改成绩表中的数据或格式，可以将工作表保护起来。Excel 2010 提供了安全保护功能，可以将工作表和工作簿保护起来。保护工作表的具体操作方法如下：

（1）单击【审阅】菜单中的【保护工作表】按钮，如图 11-37 所示。

图 11-37　【保护工作表】按钮

（2）弹出【保护工作表】对话框，保留默认的设置，在【取消工作表保护时使用的密码】的文本框中输入保护密码（如 123），如图 11-38 所示。

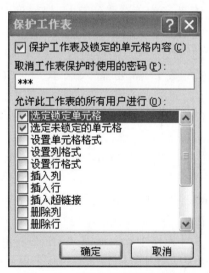

图 11-38　【保护工作表】对话框

（3）单击【确定】按钮，弹出【确认密码】对话框，如图 11-39 所示，重新输入保护密码，再次单击【确定】按钮，返回数据表。至此，工作表保护密码就设置好了。如果要修改工作表则会弹出如图 11-40 所示的对话框，需要输入保护密码才可以进行修改。

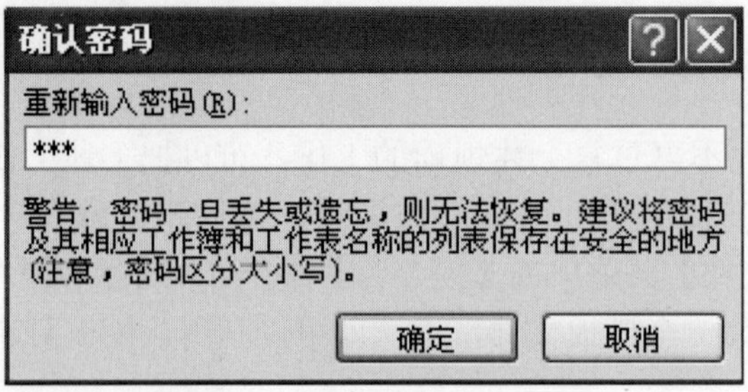

图 11-39 【确认密码】对话框

图 11-40 修改工作表提示的保护信息对话框

11.3 实例小结

用 Excel 进行学生成绩统计，经常会被一些常见的问题难住。对于以下几个问题，需要特别注意：

（1）利用 COUNTIF(range,criteria)函数统计不同分数段的学生人数，其中有两个参数，第一个参数 range 为统计的范围，为了便于公式的复制，最好采用绝对引用；第二个参数 criteria 为统计条件，需要加引号，如在 C18 单元格中输入公式 "=COUNTIF($C$2:$C$12,">=80")"。对于在两个分数之间的分数段的人数统计，需要用两个 COUNTIF()函数相减，如在 C20 单元格中统计出 60～79 分的人数，需要输入公式 "=COUNTIF($C$3:$C$12,">=60")-COUNTIF($C$3:$C$12,">=80")"，即用大于等于 60 的人数减去大于等于 80 的人数。如果要统计 60 分以下的人数，只要将 C18 单元格的公式复制到 C22 单元格，再把">=80"修改为"<60"就可以得到正确的结果。

（2）在计算学生的等级时，一般使用 IF(logical,value_if_true,value_if_false)函数。其中有三个参数，第一个参数 logical 为条件，不能加引号；第二个参数为条件成立时的结果，如果是显示某个值，则要加引号；第三个参数为条件不成立时的结果，如果是显示某个值，同样要加引号。该函数可以嵌套，即在第三个参数处可以再写一个 IF 函数。例如，为了得到"等级"列所要的等级结果，可以在 K3 单元格中输入公式 "=IF(I3>=80,"优秀",IF(I3>=60,"良好", "不合格"))"，然后，利用自动填充柄将其复制到下方的几个单元格。

运用 Excel 制作完成的"学生成绩统计表"还可以进行多次考试成绩套用的操作，可谓是"一表成，终年用，一劳永逸"。实践证明，它既可以解决教学工作者成绩统计过程中工作量大的问题，又可以避免出现不必要的错误。

11.4 拓展练习

打开班级日常收支统计表素材，利用公式或函数计算相应的值并创建图表，最终效果如图 11-41 所示。

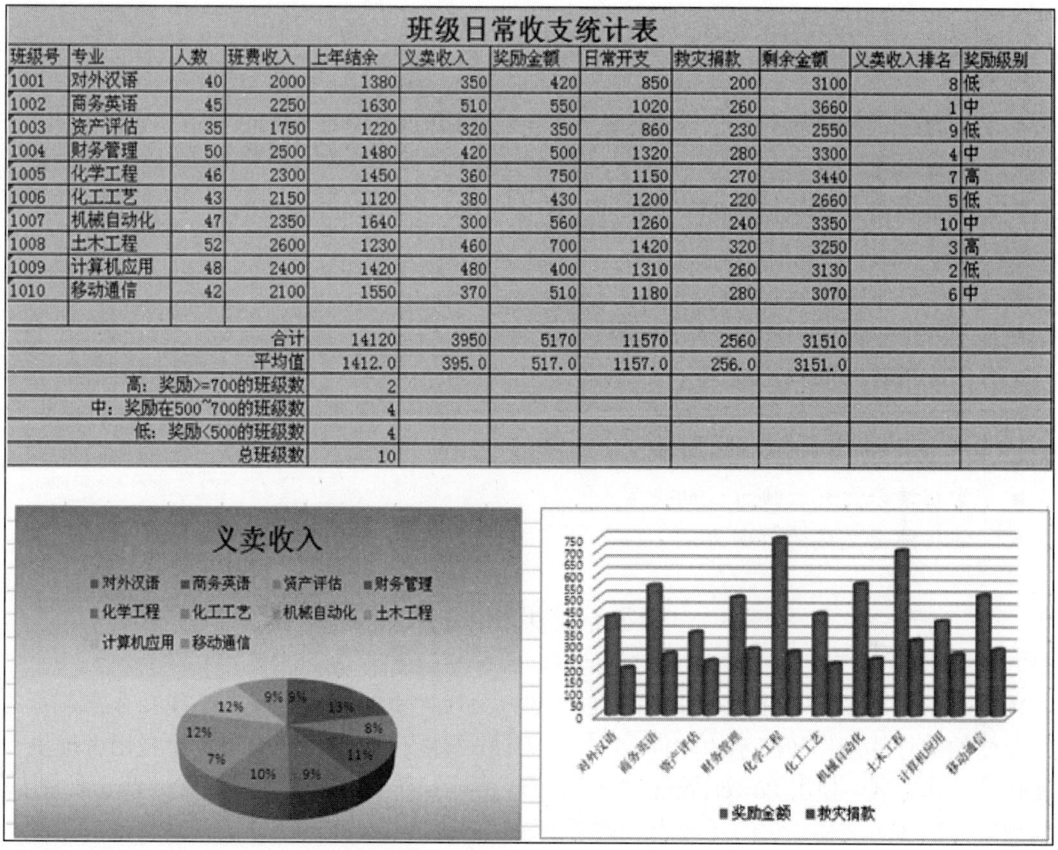

班级日常收支统计表

班级号	专业	人数	班费收入	上年结余	义卖收入	奖励金额	日常开支	救灾捐款	剩余金额	义卖收入排名	奖励级别
1001	对外汉语	40	2000	1380	350	420	850	200	3100	8	低
1002	商务英语	45	2250	1630	510	550	1020	260	3660	1	中
1003	资产评估	35	1750	1220	320	350	860	230	2550	9	低
1004	财务管理	50	2500	1480	420	500	1320	280	3300	4	中
1005	化学工程	46	2300	1450	360	750	1150	270	3440	7	高
1006	化工工艺	43	2150	1120	380	430	1200	220	2660	5	低
1007	机械自动化	47	2350	1640	300	560	1260	240	3350	10	中
1008	土木工程	52	2600	1230	460	700	1420	320	3250	3	高
1009	计算机应用	48	2400	1420	480	400	1310	260	3130	2	低
1010	移动通信	42	2100	1550	370	510	1180	280	3070	6	中
	合计	14120	3950	5170	11570	2560	31510				
	平均值	1412.0	395.0	517.0	1157.0	256.0	3151.0				
高：奖励>=700的班级数		2									
中：奖励在500~700的班级数		4									
低：奖励<500的班级数		4									
总班级数		10									

图 11-41　班级日常收支统计表效果图

说明：奖励级别是对奖励金额进行判定，奖励金额≥700，级别设定为"高"；奖励金额在 500 到 700 之间，级别设定为"中"；奖励金额<500，级别设定为"低"。

第 3 部分　PowerPoint 软件应用

第 12 章　活动会议演示文稿制作

学习目标

- 掌握演示文稿的创建、保存方法
- 掌握新增幻灯片的方法
- 掌握幻灯片中编辑文本的方法
- 掌握项目符号和编号的应用
- 掌握幻灯片版式的使用
- 掌握演示文稿的图片插入和编辑的方法
- 掌握超链接的创建方法
- 掌握动作按钮的添加方法
- 掌握幻灯片切换效果的设置
- 掌握演示文稿放映方式的设置
- 掌握演示文稿的打印方法

12.1　实例简介

PowerPoint 是 Microsoft 公司推出的 Office 办公软件中的组件之一，是现在非常流行的也是很简便的幻灯片制作和演示的软件。它的易用性、智能化和集成性等特点给使用者提供了快速便捷的工作方式。使用 PowerPoint 2010 可以轻松地制作出内容丰富、图文并茂、形象生动、极具感染力的演示文稿。它广泛应用于教学演示、会议演讲、宣传展示、信息传递等领域，熟练使用该软件是办公文员等岗位应掌握的基本技能。

本例制作一个"全国百校 IT 职业技能测评活动"演示文稿，效果如图 12-1 所示。

图 12-1　"全国百校 IT 职业技能测评活动"演示文稿效果图

12.2 实例制作

制作演示文稿需掌握以下的基本知识。

1. 制作演示文稿的基本流程

（1）素材的准备。主要是准备演示文稿中所需要的一些图片、声音、动画等文件。

（2）创建演示文稿的方法。按要求插入新幻灯片，选择合适的版式。

（3）基本元素的输入。输入文本及插入对象（图片、图表等），并进行编辑。

（4）美化演示文稿。选择"设计模板"（注意不同幻灯片可应用不同的模板）、使用配色方案以及背景设置等。

（5）设置幻灯片超链接、动画效果。

（6）保存演示文稿并放映。保存演示文稿后，设置放映的一些参数，然后播放查看效果，满意后正式输出播放。

2. 创建演示文稿的方法

创建演示文稿有三种常用的方法：

（1）使用空演示文稿。

（2）根据 office.com 模板。

（3）导入现有文本制作演示文稿。

选择哪一种方法，可根据具体情况来决定。

● 如果尚未考虑好演示的内容或不知道如何组织该篇演示文稿，可使用 office.com 模板制作演示文稿。

● 如果对自己要演示的内容已胸有成竹，可以"从零开始"（空演示文稿）制作演示文稿。

● 如果有现存的大纲文本（.doc、.rtf 等），可选择直接导入现有文本来制作演示文稿。

12.2.1 新建演示文稿

由于活动内容我们已有所准备，因而采用"空演示文稿"的方法进行创建。以下两种操作方法可任选其中一种。

（1）启动 PowerPoint 2010 后，系统会自动创建一个空白演示文稿，默认文件名为"演示文稿 1"。

（2）选择【文件】菜单中的【新建】命令，单击窗格中的【空白演示文稿】，再单击右窗格中的【创建】按钮，如图 12-2 所示。

12.2.2 保存演示文稿及设置其安全性

1. 保存演示文稿

单击工具栏上的 ■ 按钮，也可以单击【文件】菜单中的【保存】选项或【另存为】选项，如图 12-3 所示，打开如图 12-4 所示的对话框，将演示文稿保存为"全国百校 IT 职业技能测评活动.pptx"。

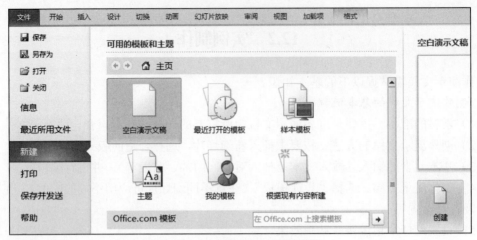

图 12-2　新建空白演示文稿窗格

图 12-3　【文件】保存选项

图 12-4　【另存为】对话框

2. 设置演示文稿的安全性

单击【文件】菜单项，在窗格中选择【保护演示文稿】按钮，从弹出的下拉列表中选择【用密码进行加密】选项，输入并确认密码，如图 12-5 所示。

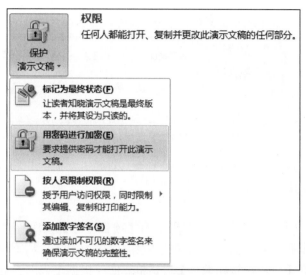

图 12-5　【保护演示文稿】下拉列表

12.2.3　新增幻灯片

新建演示文稿时，文稿中默认只有一张幻灯片，需要自行增加幻灯片。在此实例中，需要在演示文稿中新增五张幻灯片。在普通视图的左窗格中，选中某张幻灯片后，可以通过以下任意一种方法实现在当前幻灯片之后新增一张幻灯片。

（1）按 Enter 键或按组合键 Ctrl+M。

（2）单击鼠标右键，从弹出的快捷菜单中选择【新建幻灯片】命令。

（3）选择【开始】菜单命令，在【幻灯片】功能组中单击【新建幻灯片】按钮，如图 12-6 所示。

图 12-6　【新建幻灯片】按钮

12.2.4　编辑幻灯片内容

新增幻灯片后，需要对幻灯片内容进行编辑，包括在幻灯片中添加文本、编辑文本、设置项目符号和编号等操作。

（1）为各张幻灯片添加文本内容。

（2）利用【开始】菜单中的【字体】功能组中的各个按钮对文本进行编辑，设置文本的字体、字号、颜色、文字效果以及行距等。例如，将第 1 张幻灯片的标题设置为华文楷体、35号，加粗、蓝色，设置界面如图 12-7 所示。

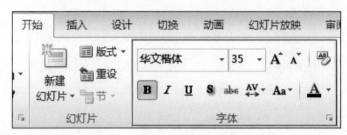

图 12-7　【字体】功能组设置面板

（3）为第 3 张幻灯片的文本添加项目符号◆（红色），为第 4 张的文本添加图片项目符号 和 ，为第 5 张幻灯片添加阿拉伯数字编号。

操作方法如下：

单击【开始】菜单中的【段落】功能组中的【项目符号】按钮 ，系统默认添加项目符号●，若要更改成其他的项目符号，可单击右侧的下拉按钮 ，从下拉列表中选择【项目符号和编号】选项，打开【项目符号和编号】对话框，便可根据个人的喜好进行大小、颜色等的设置了，如图 12-8 所示。

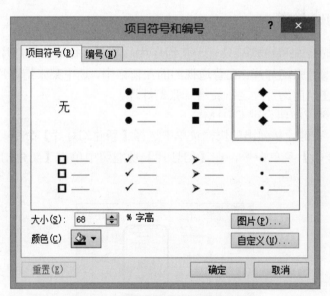

图 12-8　【项目符号和编号】对话框

注意：文本的级别可通过【降低列表级别】按钮 或【提高列表级别】按钮 来完成。为第 5 张幻灯片添加编号的方法与添加项目符号类似，这里不再赘述。

12.2.5　选择合适的版式

版式是指文本框、图片、表格、图表等在幻灯片上的布局（排列位置）。一般情况下，演示文稿的第 1 张幻灯片用来显示标题，所以默认为"标题幻灯片"版式。

例如，将演示文稿中的第 2、3 张幻灯片的版式设置为【标题和内容】，将第 4 张幻灯片的版式设置为【比较】，将第 5 张幻灯片的版式设置为【垂直排列标题与文本】。

设置幻灯片版式的方法有两种，可选择其中任意一种方法完成操作。两种方法介绍如下：

● 鼠标右击要设置版式的幻灯片，从弹出的快捷菜单中选择【版式】选项，在其下级菜单中选择所需要的版式。

● 单击【开始】菜单项，在【幻灯片】功能组中单击【版式】按钮，从【版式】列表中选取所需要的版式。PowerPoint 2010 提供了多种幻灯片版式，如图 12-9 所示。

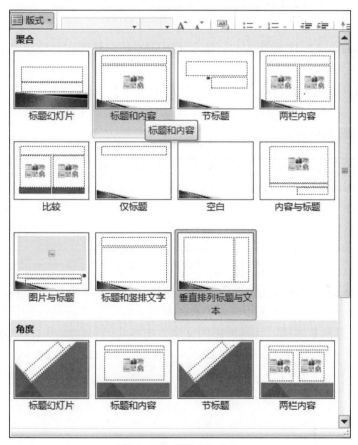

图 12-9　【版式】列表

（1）目录页的编辑——制作摘要幻灯片。

在本例中，目录页的内容我们除了采用直接添加文本的方法外，还可以使用制作摘要幻灯片的方法来完成。

摘要就好像一本书的目录页，使读者能一目了然地、方便清晰地知道幻灯片里面的大致内容。摘要幻灯片就是一张包含其他幻灯片标题的幻灯片，通常处于第 2 张幻灯片的位置。

PowerPoint 2010 版本没有直接提供"摘要幻灯片"的制作功能，可以通过以下方法实现"摘要幻灯片"的制作，操作步骤如下：

1）从网络搜索下载相应的加载项，如"生成目录.ppam"。

2）双击运行之后，在弹出的【安全声明】对话框中单击【启用宏】按钮，如图 12-10 所示。

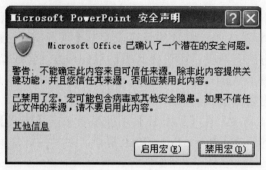

图 12-10　【安全声明】对话框

3）返回 PowerPoint 2010 编辑窗口，选中需要将幻灯片标题作为摘要的幻灯片缩略图，本例选中第 3 至第 5 张幻灯片。

4）选择【随书案例】菜单命令，单击【摘要无链接】按钮，如图 12-11 所示，即可在选定幻灯片的之前自动添加没有超链接的摘要幻灯片。如果选择【摘要带链接】按钮，则自动添加带有超链接的摘要幻灯片。

图 12-11　【摘要无链接】按钮

（2）将第 5 张幻灯片的版式设置为"垂直排列标题与文本"后，除了标题是竖排外，文本内容也是竖排的。如何实现本例中文本方向是横排的呢？操作方法：选中文本，选择【段落】功能组中的【文字方向】选项，选择所需的文字方向格式即可，如图 12-12 所示。

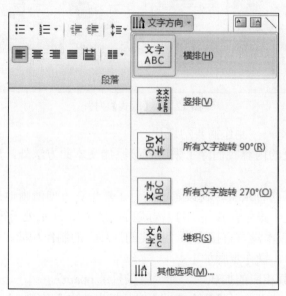

图 12-12　【文字方向】的选择

12.2.6　应用主题

PowerPoint 2010 中内置了大量的主题。主题是专业设计好的，包含了预先定义好的格式和配色方案，是主题颜色、主题字体和主题效果三者的组合。它是控制演示文稿统一外观最有力、最快捷的一种方法，可以在任何时候应用到演示文稿中。

例如，设置"全国百校 IT 职业技能测评活动"演示文稿的全部幻灯片都应用"聚合"主题，再将演示文稿中的第 1 张幻灯片的主题改为"角度"，效果如图 12-1 所示。

操作方法如下：

（1）在普通视图的左窗格选择任意一张幻灯片，选择【设计】菜单命令，从打开的主题列表中选择所需的主题即可。

单击【主题】功能组中右侧的下拉按钮，可展开所有的主题，如图 12-13 所示，单击"聚合"主题（第 2 行第 4 列），则所有幻灯片将全部应用该主题。

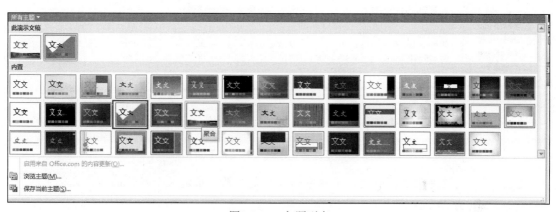

图 12-13　主题列表

（2）在普通视图的左窗格选择第 1 张幻灯片，将鼠标移至"角度"主题（第 2 行第 2 列）鼠标右击，从弹出的快捷菜单中选择【应用于选定幻灯片】选项，如图 12-14 所示，此时，第 1 张幻灯片的主题被更改为"角度"。

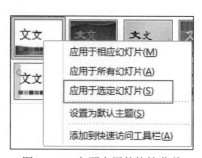

图 12-14　主题应用的快捷菜单

注意：

（1）若直接单击某个主题，当前演示文稿中所有幻灯片将全部应用该主题。若想某张或某些幻灯片应用不同的主题，则需要选定幻灯片并在选取的的主题上鼠标右击，从弹出的快捷菜单中进行所需要的选择。

（2）若要应用外部的主题，可单击图 12-13 中的【浏览主题】选项，打开【选择主题或主题文档】对话框，如图 12-15 所示，选择需要使用的主题文件后单击【应用】按钮，即可将该文件所用的主题引用到当前演示文稿中。

图 12-15　【选择主题或主题文档】对话框

（3）可以通过更改主题颜色、主题字体或主题效果，自定义个性化的演示文稿主题。

12.2.7　更改主题颜色

主题配色方案是指对演示文稿的背景、文本和线条、阴影、强调文字/超链接等所用颜色的一个整体设计方案。在 PowerPoint 2010 中，主题颜色分为内置主题颜色和自定义主题颜色。内置主题颜色由系统提供了 40 种主题配色方案供用户选择；自定义主题颜色则可由用户根据需要调整颜色配置。

（1）利用内置主题颜色，为"全国百校 IT 职业技能测评活动"演示文稿中的第 1 张幻灯片设置"顶峰"配色方案。

（2）利用自定义主题颜色，将"全国百校 IT 职业技能测评活动"演示文稿中第 2 张幻灯片的"超链接"方案自定义为"红色"。

操作方法如下：

1）内置主题颜色应用。选取第 1 张幻灯片，在【设计】菜单中的【主题】功能组中单击【颜色】按钮 颜色 的下拉箭头，展开【内置】列表，这是系统提供的多种主题颜色，如图 12-16 所示。鼠标右击【顶峰】内置主题颜色，从弹出的快捷菜单中选择【应用于所选幻灯片】选项，则该主题颜色便应用于第 1 张幻灯片。第 1 张幻灯片重设主题颜色后的效果如图 12-17 所示。

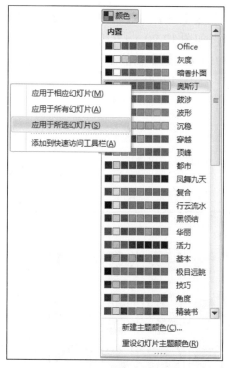

图 12-16 【内置】主题颜色设置　　　　　　　图 12-17 应用内置主题颜色后效果图

2）自定义主题颜色应用。若对系统提供的主题颜色均不满意，读者可以自定义或修改已有的主题颜色。例如，要将第 2 张幻灯片的【超链接】方案设置为红色，将【已访问的超链接】设置为紫色，操作方法如下：在图 12-16 中选择【新建主题颜色】选项，从弹出的【新建主题颜色】对话框中分别设置【超链接】和【已访问超链接】为红色和紫色，如图 12-18 所示，单击【保存】按钮后会发现第 2 张幻灯片的超链接发生了变化，如图 12-19 所示。

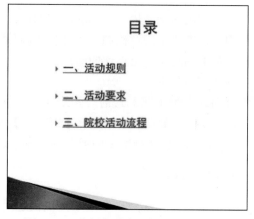

图 12-18 【新建主题颜色】对话框　　　　　　图 12-19 应用新建主题颜色后的效果图

PowerPoint 2010 还内置了字体，在【设计】菜单中的【主题】功能组中单击 【字体】下拉箭头按钮，弹出【内置】的"字体"列表供读者选择，如图 12-20（a）所示。

PowerPoint 2010 还内置了效果，在【设计】菜单中的【主题】功能组中单击【效果】下拉箭头按钮，弹出【内置】的"效果"列表供读者选择，如图 12-20（b）所示。

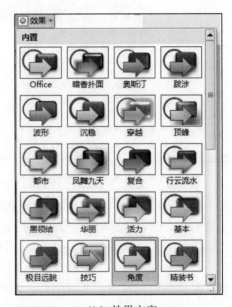

（a）字体方案　　　　　　　　　　　（b）效果方案

图 12-20　主题内置的字体和效果方案

12.2.8　插入剪贴画和图片

纯文本的演示文稿是单调的，在幻灯片中插入一些图片，会让文稿增加活力。

例如，在"全国百校 IT 职业技能测评活动"演示文稿的第 1 张和最后一张幻灯片中分别插入一张剪贴画和自己喜欢的图片。

操作方法如下：

分别选中第 1 张和最后一张幻灯片，单击【插入】菜单项，在【图像】功能组中选择【剪贴画】或【图片】，如图 12-21 所示，再选择所需的剪贴画或图片进行插入操作。

图 12-21　【图像】面板组

12.2.9　创建超链接

超级链接是实现从一个演示文稿快速跳转到其他幻灯片或文件的捷径。通过超级链接不但可以实现同一个演示文稿内不同部分间的跳转和不同演示文稿间的跳转，而且可以在局域网或因特网上实现快速地切换。超级链接既可以建立在普通文字上，也可以建立在剪贴画、图形等对象上。

超链接的几种常见形式：

● 有下划线的超链接。

● 无下划线的超链接。

● 以动作按钮实现的超链接。

例如，为"全国百校 IT 职业技能测评活动"演示文稿的第 2 张幻灯片中的目录项设置不同形式的超链接。操作步骤如下：

（1）选定第 2 张幻灯片中要建立超链接的文本或其他对象。

（2）单击【插入】菜单中的【链接】功能组中的【超链接】按钮 🔗（或鼠标右击，从快捷菜单中选择【超链接】命令）打开【插入超链接】对话框，如图 12-22 所示。

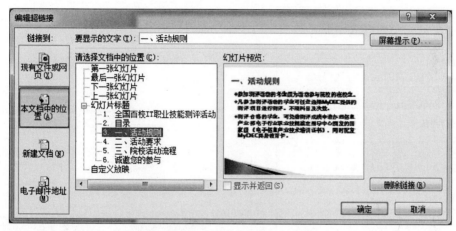

图 12-22 　【插入超链接】对话框

（3）在【链接到】列表框中选择【本文档中的位置】选项，在【请选择文档中的位置】列表框中选中超链接到的幻灯片，单击【确定】按钮。

本实例中采用三种方法对第 2 张目录幻灯片中的各项目录设置了超链接，其中的第一、二项目录设置为"有下划线的超链接"，第三项利用某一形状创建了"无下划线的超链接"，而幻灯片右下角的【返回首页】按钮则是"以动作按钮实现的超链接"，效果如图 12-23 所示。

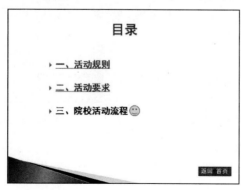

图 12-23 　超链接完成效果图

12.2.10 添加动作按钮

在幻灯片放映时可以通过插入动作按钮来建立超链接，用以切换到任意一张幻灯片或 Web 页。

例如，在第 2 张幻灯片的右下角添加动作按钮 返回 首页 。

操作步骤如下：

（1）选择需插入动作按钮的第 2 张幻灯片，单击【插入】菜单中的【插图】功能组中的【形状】按钮 的下拉按钮，在展开的形状面板中可看到多个动作按钮，如图 12-24 所示（最下面），选择所需要的动作按钮。

（2）在幻灯片上的合适位置拖动鼠标指针，便可画出相应形状的动作按钮，同时会打开一个【动作设置】对话框，如图 12-25 所示。

图 12-24　【形状】面板

图 12-25　【动作设置】对话框

（3）设置单击鼠标时的动作。

（4）单击【确定】按钮，即可在幻灯片中插入一个动作按钮。放映时单击该按钮，便可跳转到链接的幻灯片。

12.2.11 设置切换效果

幻灯片切换效果是指两张幻灯片之间过渡的效果。完美的 PPT 幻灯片少不了切换效果和风格，给每张图片加上不同的切换效果，在演讲时切换幻灯片就像是播放动画一样。

例如，将演示文稿中的全部幻灯片的放映效果设置为淡出、每隔 3 秒自动切换幻灯片、风铃声。

操作方法如下：

在【切换】菜单中的【切换到此幻灯片】功能组中完成相关设置，如图 12-26 所示，单击【全部应用】按钮，该切换效果将应用于演示文稿中的所有幻灯片。

图 12-26 【切换到此幻灯片】功能组

12.2.12 设置放映方式

幻灯片的输出方式主要是放映，为了适用于不同的放映场合，幻灯片应选用不同的放映方式。单击【幻灯片放映】菜单项，选择【设置】功能组中的【设置幻灯片放映】按钮 ，打开【设置放映方式】对话框，如图 12-27 所示。

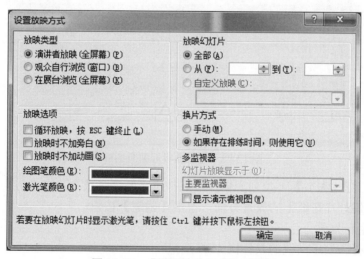

图 12-27 【设置放映方式】对话框

放映方式有下述三种：

（1）演讲者放映。演讲者放映是一种便于演讲者演讲的放映方式，也是传统的全屏幻灯片放映方式。在该方式下可以手动切换幻灯片和动画，也可以使用【幻灯片放映】菜单中的【设置】功能组中的【排练计时】按钮 来设置排练时间。

（2）观众自行浏览。观众自行浏览是一种让观众自行观看的放映方式。此方式将在标准窗口中放映幻灯片，其中包含自定义菜单和命令，便于观众浏览演示文稿。

（3）在展台浏览。在展台浏览使用全屏模式放映幻灯片，如果 5 分钟没有收到任何指令后会重新开始放映。在该方式下，观众可以切换幻灯片，但不能更改演示文稿。

选择其中一种，单击【确定】按钮即可设置相应的放映方式。

幻灯片的放映方式可根据实际需要选择从头开始放映或从当前幻灯片开始放映。若想从头开始放映，可使用【幻灯片放映】菜单中的【开始放映幻灯片】功能组中的 按钮或按 F5 键；若想从当前幻灯片开始放映，可使用【幻灯片放映】菜单中的【开始放映幻灯片】功能组中的 按钮或直接单击右下角的【幻灯片放映】 按钮。

演示文稿的放映可分为手动播放和自动播放两种方式，手动播放一般通过单击实现，自动播放可根据排练时间或设置幻灯片切换时间来实现。

12.2.13 打印演示文稿

演示文稿的内容除了可以通过放映的方式展现给观众外，还可以将其打印到打印纸或透明胶片上。在将演示文稿打印出来之前，需进行相关的设置。

1. 页面设置

对打印的页面进行设置，具体操作如下：

（1）打开演示文稿。

（2）在【设计】菜单中的【页面设置】功能组中单击【页面设置】按钮 ，打开【页面设置】对话框，如图 12-28 所示。

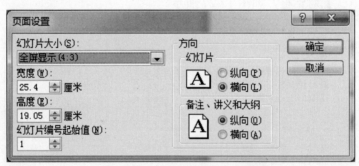

图 12-28　【页面设置】对话框

（3）在【幻灯片大小】下拉列表框中可选择所需的纸张选项，在【方向】区域的【幻灯片】栏中可设置幻灯片在纸上的放置方向，单击【确定】按钮。

2. 打印预览和打印

打印预览和打印演示文稿的具体操作如下：

（1）打开演示文稿，单击【文件】菜单中的【打印】选项展开打印设置列表，如图 12-29 所示，按要求完成各项设置。

（2）在设置各打印项时，窗口右侧会显示对应的打印预览效果图，如图 12-30 所示。

（3）设置完毕后，单击【打印】按钮即可进行打印。

图 12-29 打印设置选项

图 12-30 打印预览和打印设置窗口

12.3 实例小结

通过本例，读者可以掌握 PowerPoint 2010 中演示文稿的创建和保存、新增幻灯片、文本编辑、项目符号和编号的添加、幻灯片版式和模板的设置、幻灯片中的图片插入和编辑、超链接的创建、动作按钮的添加与设置、配色方案的应用、演示文稿放映方式的设置、演示文稿打印等操作方法。合理使用超链接和动作按钮可以增加演示文稿的交互性。在制作的过程中，特别要注意模板、切换效果、配色方案等应用于单张幻灯片和全部幻灯片的操作方法，此外，还要注意制作摘要幻灯片时从 Internet 下载相应加载项的方法。

12.4 拓展练习

利用 office.com 模板，制作一份"灵感触发会议演示文稿"，根据个人需要，自行对演示文稿进行幻灯片的增删以及内容的调整。要求包含下述的操作。

（1）项目符号和编号的添加。

（2）幻灯片版式和模板的设置。

（3）幻灯片中的图片插入和编辑。

（4）超链接的创建。

（5）动作按钮的添加。

（6）配色方案的应用。

（7）切换效果设置。

（8）摘要幻灯片制作。

第 13 章　企业宣传演示文稿制作

学习目标

- 掌握添加艺术字的方法
- 掌握动画设置的方法
- 掌握背景设置的方法
- 掌握幻灯片中图表的编辑
- 掌握在幻灯片中插入组织结构图
- 掌握在幻灯片中插入表格
- 掌握各类对象的编辑技巧
- 掌握页眉和页脚的设置

13.1　实例简介

在越来越激烈的市场竞争中，宣传企业品牌和树立企业形象是非常重要的。在推广活动中，往往可以通过制作和演示一个精美的公司宣传片演示文稿来让客户更全面和直观地了解自己公司的情况。一个好的公司宣传片，不能靠呆板枯燥的文字说明，而应该通过多运用PowerPoint 提供的图示、图表功能、动画设置来达到图文并茂、生动美观、引人入胜的效果。

本例将通过制作一份"浪海广告公司宣传片"来讲述利用 PowerPoint 2010 软件制作宣传演示文稿的方法，向读者介绍在 PowerPoint 2010 中插入各类对象并进行编辑、设置背景、设置页眉和页脚等的方法。"浪海广告公司宣传片"的效果如图 13-1 所示。

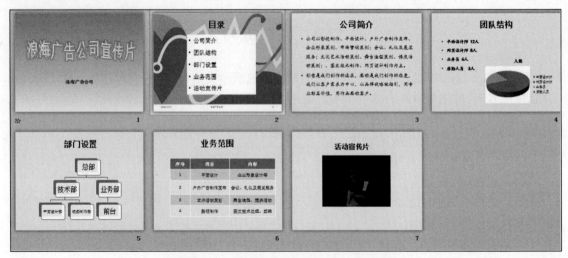

图 13-1　"浪海广告公司宣传片"的效果图

13.2 实例制作

13.2.1 添加艺术字

（1）启动 PowerPoint 2010，新建一空白演示文稿。

（2）执行【插入】菜单中的【文本】功能组中的【艺术字】命令，选择艺术字样式后会出现【请在此放置您的文字】提示框，如图 13-2 所示。

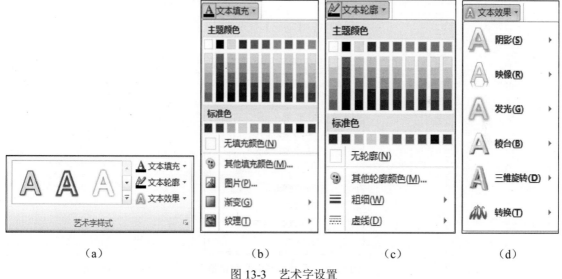

图 13-2　【请在此放置您的文字】提示框

（3）单击提示框输入文字，选中艺术字，出现【格式】菜单，在【格式】菜单中的【艺术字样式】功能组中可对艺术字进行颜色、轮廓和效果的设置，各设置项如图 13-3 所示。

　（a）　　　　　　　　　（b）　　　　　　　　（c）　　　　　　　　（d）

图 13-3　艺术字设置

13.2.2 设置动画效果

（1）选定要添加动画的对象，例如第 1 张幻灯片中的艺术字，单击【动画】菜单项，在展开的【动画】功能组中选择一种动画。例如选择【形状】动画，如图 13-4（a）所示；在【效果选项】下拉列表中选择【形状】类中的【圆】选项，如图 13-4（b）所示。

（2）单击【高级动画】功能组中的【动画窗格】按钮，则在右侧打开的动画窗格中可看到刚刚选择的动画设置，如图 13-5 所示。

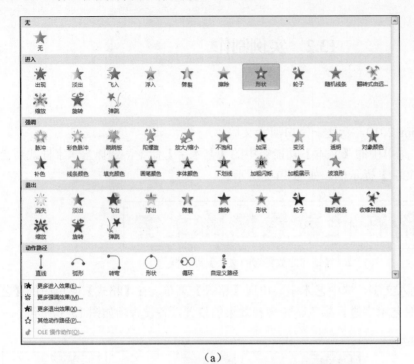 

（a） （b）

图 13-4 【动画】效果选项

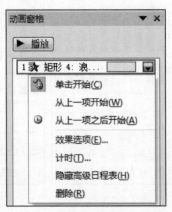

图 13-5 【动画窗格】对话框

（3）在【动画窗格】对话框中鼠标右击某个动画，在弹出的快捷菜单中选择【效果选项】选项，会弹出相应的动画扩展对话框。例如，在前面的【效果选项】中选择【圆】选项，则出现【圆形扩展】对话框，如图 13-6 所示。在对话框中可进行声音、动画播放后效果、延时等的设置。

注意：

对单个对象应用多个动画效果的方法：

1）选择要添加多个动画效果的文本或对象。

2）在【动画】菜单中的【高级动画】功能组中单击【添加动画】按钮，如果有多个对象需要设置相同的动画效果，可以使用【动画刷】命令，如图 13-7 所示。

图 13-6 【圆形扩展】对话框

图 13-7 【动画刷】选项

13.2.3 设置幻灯片背景

幻灯片的背景设置也是改变幻灯片外观的方法之一，具体操作方法如下：

（1）选择【设计】菜单项，单击【背景】功能组中的【背景样式】按钮，从展开的样式列表中选择某种样式，则所有幻灯片都将应用该背景样式。若希望只有部分幻灯片采用该样式，如第一张幻灯片采用"样式 2"，则把鼠标停留在"样式 2"上右击，从弹出的快捷菜单中选择【应用于所选幻灯片】选项即可，如图 13-8 所示。

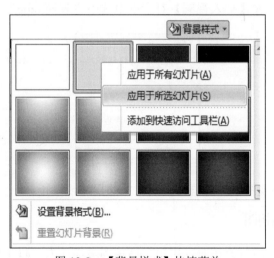

图 13-8 【背景样式】快捷菜单

（2）若对所选择的样式不满意，可单击【背景设置格式】选项弹出【设置背景格式】对话框，进行其他选择，如图 13-9 所示。

（3）在【设置背景格式】对话框中进行背景不同效果的填充设置。例如，第一张幻灯片要改用【雨后初晴】填充效果，则在对话框中选择【渐变填充】单选按钮，单击【预设颜色】右侧的向下箭头按钮，从展开的列表中选择【雨后初晴】选项，如图 13-10 所示。单击【关闭】按钮，样式应用于所选定的幻灯片；单击【全部应用】按钮后再关闭对话框，则样式应用于所有幻灯片。

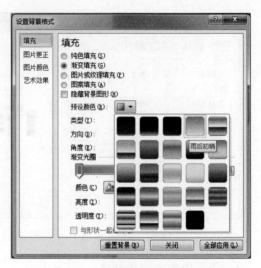

图 13-9　【设置背景格式】对话框 1　　　　图 13-10　【设置背景格式】对话框 2

13.2.4　插入影片

（1）选中需要插入影片的幻灯片缩略图，在【插入】菜单中的【媒体】功能组中单击【视频】按钮，在打开的下拉列表中有三种选择：【文件中的视频】【来自网站的视频】和【剪贴画视频】，如图 13-11 所示。例如，我们在第 7 张幻灯片中插入"表演.mpg"视频文件，则选择【文件中的视频】选项，在【插入视频】对话框中选中"表演.mpg"即可。

图 13-11　【视频】按钮

（2）在幻灯片放映视图下，可自行控制视频的播放或停止。

13.2.5　插入组织结构图

在对公司的机构设置进行介绍时，用组织结构图最能让人一目了然。例如，要在第 5 张幻灯片中用组织结构图表示部门设置，具体的操作方法如下：

（1）选中第 5 张幻灯片缩略图，在【插入】菜单中的【插图】功能组中单击【SmartArt】按钮，从弹出的【选择 SmartArt 图形】对话框中选中【层次结构】选项，如图 13-12 所示。

（2）在幻灯片中填写相应内容，效果如图 13-13 所示，选取结构图中的文本可进行格式设置。

注意：默认情况下，层次结构给出的层数和每层文本框数不多，如图 13-13 所示。若实际应用中不够，可进行层数或每层文本框数的添加。操作方法是选中某文本框鼠标右击，从弹出的快捷菜单中选择【添加形状】选项，根据需要进行选择即可，如图 13-14 所示。

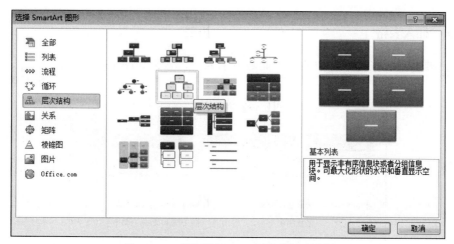

图 13-12　【选择 SmartArt 图形】对话框

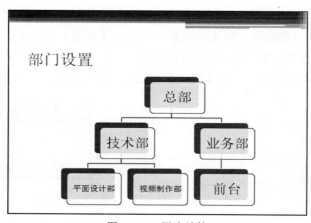

图 13-13　层次结构

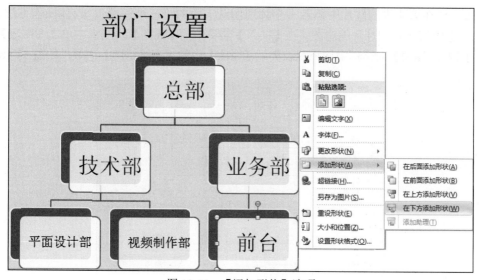

图 13-14　【添加形状】选项

13.2.6　插入表格

例如，要在第 6 张幻灯片中插入一业务范围表格，效果如图 13-15 所示。

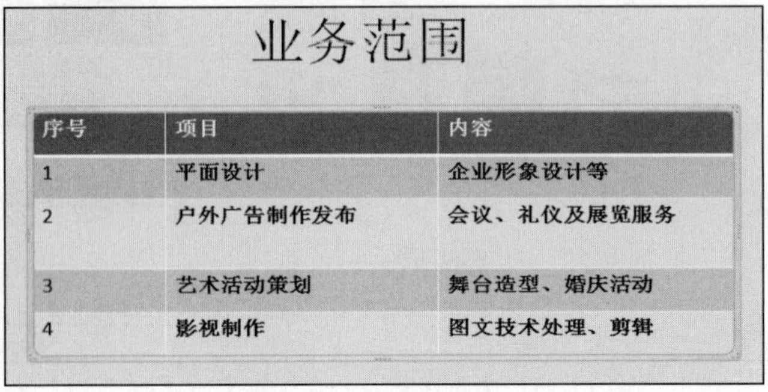

业务范围
序号 项目 内容
1 平面设计 企业形象设计等
2 户外广告制作发布 会议、礼仪及展览服务
3 艺术活动策划 舞台造型、婚庆活动
4 影视制作 图文技术处理、剪辑

图 13-15　业务范围表格

具体操作方法如下：

选中第 6 张幻灯片缩略图，在【插入】菜单中的【表格】功能组中单击【表格】按钮或选中幻灯片中的【插入表格】选项，如图 13-16 所示。在弹出的【插入表格】对话框中填写列数和行数值，如图 13-17 所示，单击【确定】按钮完成表格的插入。

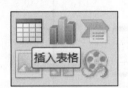

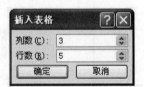

插入表格

图 13-16　【插入表格】选项

插入表格
列数(C): 3
行数(R): 5
确定
取消

图 13-17　【插入表格】对话框

13.2.7　插入图表

例如，要在第 4 张幻灯片中插入一个体现团队人数的“三维饼图”，具体操作方法如下：

（1）选中第 4 张幻灯片缩略图，在【插入】菜单中的【插图】功能组中单击【图表】按钮，从弹出的【插入图表】对话框中选择图表类型【饼图】中的【三维饼图】选项，如图 13-18 所示。

插入图表
模板
柱形图
折线图
饼图
条形图
面积图
X Y (散点图)
股价图
曲面图
圆环图
气泡图
雷达图
折线图
饼图
管理模板(M)...
设置为默认图表
三维饼图
确定
取消

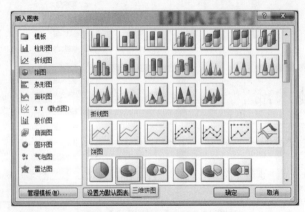

图 13-18　【插入图表】对话框

（2）单击【确定】按钮，在弹出的 Excel 工作表中输入数据，如图 13-19 所示，幻灯片上便出现相应的图表，如图 13-20 所示。

	A	B	C
1		人数	
2	平面设计师	12	
3	网页设计师	8	
4	业务员	6	
5	后勤人员	3	
6			

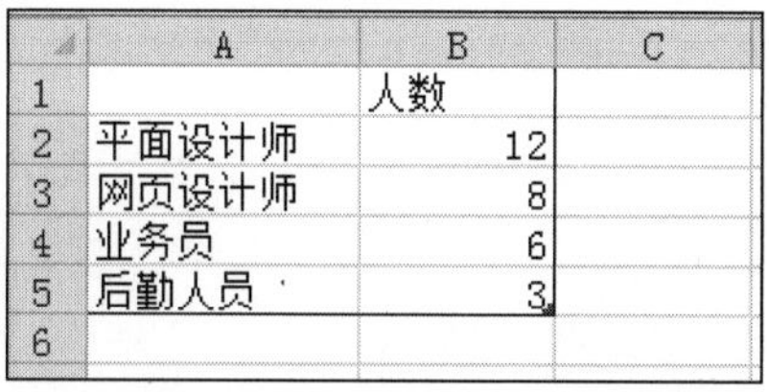

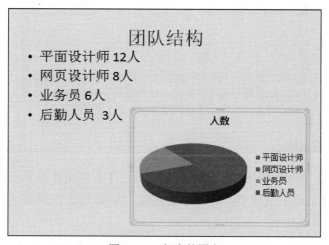

图 13-19　输入 Excel 工作表数据

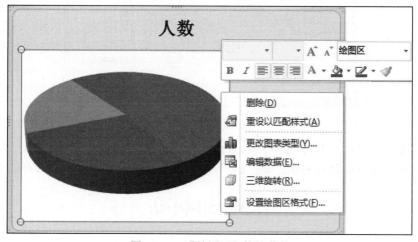

图 13-20　相应的图表

（3）设置图表格式，美化图表。若对默认图表格式不满意，可选中图表某部分鼠标右击，在快捷菜单中选择修改项。例如鼠标右击【绘图区】，从弹出的快捷菜单中选择【设置绘图区格式】选项，如图 13-21 所示，弹出【设置绘图区格式】对话框，如图 13-22 所示，在【设置绘图区格式】对话框中可进行填充、边框颜色、边框样式等的设置。

图 13-21　【绘图区】快捷菜单

图 13-22　【设置绘图区格式】对话框

13.2.8　添加页眉页脚

（1）在【插入】菜单中的【文本】功能组中单击【页眉和页脚】按钮，弹出【页眉和页脚】对话框，勾选【页脚】复选框，在文本框内输入文字，如"浪海广告公司"，如图 13-23 所示。

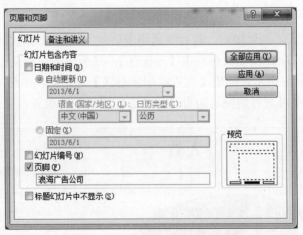

图 13-23　【页眉和页脚】对话框

（2）在【页眉和页脚】对话框中勾选【日期和时间】【幻灯片编号】复选框，单击【应用】按钮时仅在选定的幻灯片有效，单击【全部应用】按钮则对本演示文稿所有的幻灯片有效。

13.3　实例小结

通过本例，读者应掌握在 PowerPoint 2010 中插入表格、图表、组织结构图、视频，设置背景，设置页眉和页脚及添加艺术字等方法。在制作的过程中，要注意各种对象插入和编辑的步骤，为达到最佳视觉效果，还要综合其他知识的应用。

13.4 拓展练习

长城汽车公司新入职文员小刘的工作职责之一是要为公司准备各类材料和制作幻灯片。小刘决定选用现在流行的 PowerPoint 2010 来制作一份公司宣传片，演示文稿中需要插入文本、图片、艺术字等对象，并要对幻灯片进行背景、页眉和页脚、动画效果、动作按钮等的设置。具体要求如下：

（1）新建演示文稿，并添加两张幻灯片，第一张为标题幻灯片，第二张为只有标题幻灯片，所有幻灯片设置背景为单色、白色，底纹样式为水平。

（2）第一张幻灯片主标题中添加文字为"汽车模型展示"（艺术字，样式自定，72 号），自定义动画的进入方式为【水平百叶窗】；副标题为"2009 年"［华文行楷，红色（注意：请用自定义标签中的红色 255、绿色 0、蓝色 0），32 号］，自定义动画的进入方式为"飞入"（单击时，自底部，非常快）。

（3）在第一张幻灯片中的"幻灯片切换"中设置声音为 pp17.wav，要求循环放映，直到下一声音开始时。

（4）在第二张幻灯片中添加标题"汽车模型"（华文行楷，红色（注意：请用自定义标签中的红色 255、绿色 0、蓝色 0），44 号）。

（5）在第二张幻灯片中插入 2 行 2 列的表格，调整合适的表格大小，分别插入四个汽车模型的图片到表格中（图片自行搜集）。

（6）在第二张幻灯片中插入动作按钮并做链接，返回到第一张幻灯片。

（7）全部幻灯片显示可更新的日期和时间、幻灯片编号，设置页脚为"长城汽车公司"。

第 14 章　相册演示文稿制作

学习目标

- 掌握相册演示文稿的创建方法
- 掌握利用各种图形框添加说明文字
- 掌握背景音乐的设置方法
- 掌握切换效果设置方法
- 掌握动画方案的应用
- 掌握排练计时的设置
- 掌握相册演示文稿的保存、加密、打包方法
- 掌握将相册演示文稿转换为视频文件的方法

14.1　实例简介

随着数码相机和手机的普及和计算机的广泛应用，人们在可以更方便地拍摄照片却又不需要把拍摄的照片都冲印的时候，更多地选择了利用计算机来浏览和存储照片，电子相册制作软件就在这一过程中发挥了非常重要的作用。电子相册具有传统相册无法比拟的优越性：图、文、声、像并茂的表现手法，随意修改编辑的功能。通过电子相册制作软件，照片可以更加动态、更加多姿多彩地展现，可以更方便地以一个整体分发给亲朋好友，刻录在光盘上保存，或在影碟机上播放。如果手中没有专门的电子相册制作软件，利用 PowerPoint 软件也能轻松地制作出漂亮的电子相册。此外，在日常工作中，有时需要将一系列的宣传图片通过幻灯片的方式演示给客户，同样也可以利用 PowerPoint 软件轻松快速地制作出图片宣传相册。PowerPoint 2010 增加了许多模板和主题（也可以在网络下载主题），因此，制作出的幻灯片效果比起以前版本在美化方面有了一定的提高。PowerPoint 2010 在幻灯片制作的细节处也有不少更新。

本例将通过制作一份"美丽中国"的电子相册来讲述利用 PowerPoint 2010 软件制作精美 PPT 电子相册的方法。通过本例，将向读者介绍在 PowerPoint 2010 中运用相册、图形框、插入声音、切换效果、动画方案、排练计时、保存相册、打包相册的方法。"美丽中国"电子相册的效果如图 14-1 所示。

图 14-1 "美丽中国"电子相册效果图

14.2 实例制作

14.2.1 新建相册演示文稿

方法一：利用【新建相册】命令创建相册演示文稿。具体操作步骤如下：

（1）启动 PowerPoint 2010，新建一空白演示文稿。

（2）执行【插入】菜单中的【相册】按钮下拉列表中的【新建相册】命令，打开【相册】对话框，如图 14-2 所示。

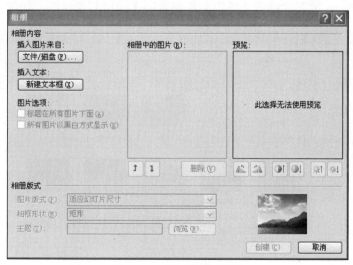

图 14-2 【相册】对话框

（3）单击【插入图片来自】中的【文件/磁盘】按钮，打开【插入新图片】对话框，如图 14-3 所示，通过按【查找范围】右侧的下拉按钮，定位到相片所在的【相册图片】文件夹。按下 Ctrl+A 组合键选中【相册图片】文件夹的所有图片文件，然后单击【插入】按钮返回【相册】对话框。在【相册中的图片】列表中选择需要编辑的图片，通过上下箭头按钮可调整图片先后顺序，通过旋转按钮可旋转图片，通过对比度按钮可调整图片对比度，通过亮度按钮可调整图片的亮度。

图 14-3　【插入新图片】对话框

提示：在选中相片时，如果按住 Shift 键不放单击第一张和最后一张相片可以一次性选中多张连续的相片，而按住 Ctrl 键不放单击任意不同的相片可以同时选中多张不连续的照片。

（4）在【相册】对话框的【相册版式】区域中单击【图片版式】右侧的下拉按钮，从下拉列表中选择所需图片版式，例如选择【2 张图片（带标题）】选项；单击【相框形状】右侧的下拉按钮，从下拉列表中可选择所需相框形状，例如选择【柔化边缘矩形】选项；单击【主题】右侧显示框内的【浏览】按钮，弹出【选择主题】对话框，如图 14-4 所示；选择其中一个主题，例如 Horizon 主题，单击【确定】按钮返回【相册】对话框，如图 14-5 所示。

图 14-4　【选择主题】对话框

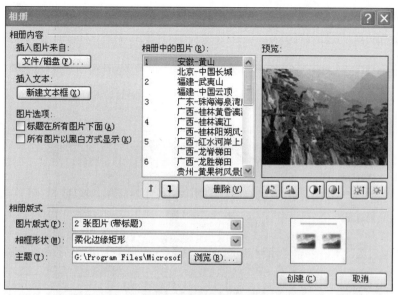

图 14-5 【相册】对话框

（5）单击【创建】按钮，相片被一一插入到演示文稿中，并自动在第一张幻灯片中留出相册的标题，将鼠标指针定位到相应的文本框中输入相册标题、副标题等内容。例如，在主标题框占位符中输入"美丽中国相册"，在副标题框中输入"由张三创建"，效果如图 14-6 所示。

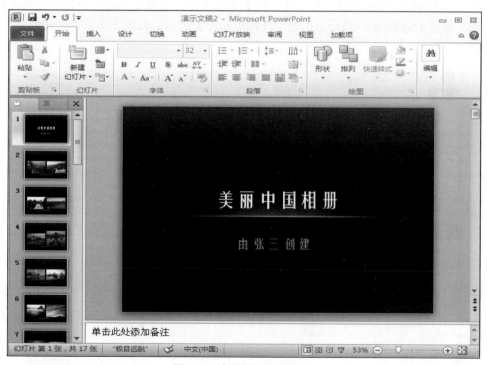

图 14-6 标题幻灯片效果图

（6）单击左侧幻灯片缩略图，分别选中每一张幻灯片，依次为每一张幻灯片的相片配上标题。

例如，单击第二张幻灯片缩略图，单击标题文本框，在编辑区中输入标题文字"安徽黄山"，如图14-7所示。

图14-7　第二张幻灯片效果

方法二：利用【相册模板】创建相册演示文稿。具体操作步骤如下：

（1）启动PowerPoint 2010，单击【文件】菜单中的【新建】选项，单击右侧的【样本模板】选项，如图14-8所示；然后单击选中【都市相册】模板；最后单击右侧的【创建】按钮，如图14-9所示。

图14-8　新建样本模板演示文稿

图 14-9　都市相册模板

（2）单击第一张幻灯片缩略图，输入相册标题，例如，输入"美丽中国相册"。

（3）鼠标右击第二张幻灯片缩略图，从弹出的快捷菜单中选择【删除幻灯片】选项，删除第二张空白的幻灯片。

（4）分别单击每一张幻灯片缩略图，在右侧编辑区的图像上方鼠标右击选择【更换图片】选项，选择已有的图片依次替换编辑区中的每个图像。例如，选中第二张幻灯片缩略图，在右侧编辑区中依次鼠标右击原有图像，从弹出的快捷菜单中选择【更换图片】选项，分别用【相册图片】文件夹中的 1 至 6 张图片依次替换编辑区中的原有图像。

（5）分别将每一张幻灯片中多余的文本框删除或者替换成图片说明文字。例如，选中第二张幻灯片缩略图，在右侧编辑区中选中所有的文本框按下 Delete 键，然后适当调整各图片的大小、方向和位置，效果如图 14-10 所示。

图 14-10　删除文本框后的效果

14.2.2　利用图形框添加说明文字

通常情况下，在演示文稿的幻灯片中添加文本字符时，也可以通过"标注"来实现。步骤如下：

（1）单击【插入】菜单中的【插图】功能组中的【形状】按钮，从下拉列表中选中合适的形状，在幻灯片编辑区适当的位置按下鼠标左键，向右下方向拖动鼠标绘制形状。

例如，选中第二张幻灯片缩略图，单击【插入】菜单中的【插图】功能组中的【形状】按钮后选择"椭圆形标注"形状，如图 14-11 所示，然后在幻灯片编辑区适当的位置绘制出一个椭圆形标注形状。

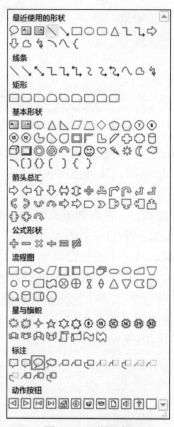

图 14-11　图形框

（2）鼠标右击幻灯片编辑区中已经绘制的形状，从单击的快捷菜单中选择【编辑文本】选项，在形状中输入相应的说明文字。例如，右击第二张幻灯片编辑区中已经绘制好的椭圆形标注形状，从弹出的快捷菜单中选择【编辑文本】选项，输入"中国长城"文字，效果如图 14-12 所示。

（3）设置说明文字的字体、字号和字符颜色等格式。

（4）选中已经绘制的形状，在形状边缘单击并拖拽，将其定位在幻灯片的合适位置上，单击【格式】菜单项，利用【形状样式】功能组中的【形状填充】【形状轮廓】和【形状效果】等按钮设置形状的样式，利用【大小】功能组中的【高度】和【宽度】选项调整形状的尺寸。

图 14-12　"椭圆形标注"效果

例如，选中第二张幻灯片编辑区中的"椭圆形标注"形状，在【形状填充】中选择蓝灰色，在【形状效果】中选择"预设 2"效果和"圆棱台"效果。

提示：也可以利用【插入】菜单中的【文本】功能组中的【文本框】按钮插入文本框并在其中输入字符来添加说明文字。

14.2.3　插入并设置背景音乐

为了增强相册的观赏性，通常还会给相册添加优美的背景音乐来增加听觉效果。插入背景音乐的具体步骤如下：

（1）提前准备一个音频文件，选中第一张幻灯片缩略图，单击【插入】菜单中的【媒体】功能组中的【音频】按钮，选择【文件中的音频】命令打开【插入音频】对话框，如图 14-13 所示，选中相应的音频文件，单击【插入】按钮将音频插入到第 1 张幻灯片中，此时幻灯片中会出现一个小喇叭标记。

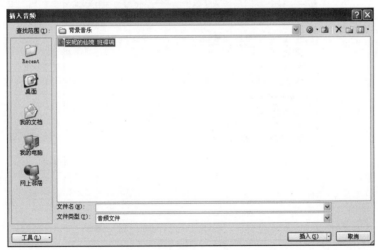

图 14-13　【插入音频】对话框

（2）选中上述的小喇叭标记，单击【动画】菜单中的【动画窗格】按钮，打开【动画窗格】窗格，单击音频文件右侧的下拉按钮，在弹出的列表中选择【效果选项】项，如图 14-14 所示，弹出【播放音频】对话框，如图 14-15 所示。

图 14-14 【动画窗格】窗格

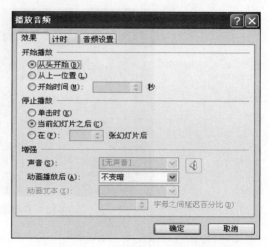

图 14-15 【播放音频】对话框

（3）在【播放音频】对话框中选择【效果】选项卡，可以设置音乐开始播放的时间和停止播放的时间。例如保留默认的【从头开始】（也可以选择在音乐的某一个时刻开始），在【停止播放】选项区勾选【在　张幻灯片后】单选按钮，并查看一下相册幻灯片的数量，将相应的数值输入在其中。例如，美丽中国相册共有 17 张幻灯片，因此在文本框中输入 17。

（4）在【播放音频】对话框中选择【计时】选项卡，可以设置音乐开始的方式。如想在播放相册的同时自动播放音乐，则单击【计时】选项卡【开始】选项右边的下拉按钮选择【与上一动画同时】选项，在【触发器】按钮下方勾选【部分单击序列动画】单选按钮，如图 14-16 所示。单击【确定】按钮退出该对话框返回幻灯片编辑区，单击状态栏上的【幻灯片放映】按钮即可播放插入了背景音乐的幻灯片，在放映过程中单击即可播放下一张幻灯片的效果。

图 14-16 【计时】选项卡

14.2.4 设置幻灯片切换效果

幻灯片切换效果是在演示期间从一张幻灯片移到下一张幻灯片时在【幻灯片放映】视图

中出现的动画效果。切换效果分为三大类：细微型、华丽型、动态内容。可以控制切换效果的速度，添加声音，甚至还可以对切换效果的属性进行自定义。为了增强幻灯片的放映效果，可以为每张幻灯片设置切换效果，以丰富幻灯片的过渡效果。具体操作步骤如下：

（1）选中需要设置切换效果的幻灯片缩略图，例如选中第一张幻灯片缩略图，单击【切换】菜单项从中选择一种切换效果，如单击"形状"效果。

（2）在工具栏的右方根据需要设置【效果选项】【声音】【持续时间】【换片方式】等选项，如将【效果】选项设置为"菱形"，【持续时间】设置为02.00，【换片方式】选择"单击鼠标时"等，如图14-17所示。

图14-17　【切换】工具栏

注意：如果需要将此切换效果应用于演示文稿的所有幻灯片，则在【切换】菜单中单击【全部应用】按钮。

14.2.5　添加动画效果

动画是演示文稿的精华，可以增加相册的动感效果，使自己的相册更加绚丽夺目。在演示文稿中可以把文本、图片、形状、表格、SmartArt图形和其他对象设计成动画，赋予它们进入、退出、大小或颜色变化甚至移动等视觉效果。PowerPoint 2010中有以下四种不同类型的动画效果：

- "进入"效果，可以使对象逐渐淡入焦点、从边缘飞入幻灯片或者跳入视图中。
- "退出"效果，使对象飞出幻灯片、从视图中消失或者从幻灯片旋出。
- "强调"效果，使对象缩小或放大、更改颜色或沿着其中心旋转。
- "动作路径"效果，可以使对象上下移动、左右移动或者沿着星形或圆形图案移动（与其他效果一起）。

可以单独使用任何一种动画效果，也可以将多种动画效果组合在一起。例如，可以对一行文本应用"强调"进入效果及"陀螺旋"强调效果，使它旋转起来。在动画中尤其以"进入"动画最为常用。

添加动画效果的具体操作步骤如下：

（1）选中要添加动画效果的对象。例如，单击选中第一张幻灯片中的标题文本框。

（2）单击【动画】菜单项，在【动画】功能组中选择其中一个动画效果，例如选择"轮子"效果，在按钮的右侧根据需要设置【效果选项】【持续时间】【开始方式】等选项，例如将【效果选项】设置为【2轮辐图案（2）】，将【持续时间】设置为02.00，将【开始方式】设置为【上一动画之后】等，如图14-18所示。如果有多个对象需要设置相同的动画效果，可以使用【动画刷】刷一下，轻松复制动画效果。

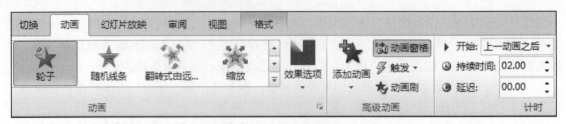

图 14-18　【动画】菜单

14.2.6　设置排练计时

排练计时功能可以自动利用计时器记录播放每张幻灯片需要多长时间和花费在所有幻灯片上的总计时间。使用排练计时的方法对 PPT 演示文稿的播放进行预演，这样以后就可以按照预演的时间来播放每张幻灯片。设置排练计时的具体操作步骤如下：

（1）选中第一张幻灯片的缩略图，单击【幻灯片放映】菜单项，在【设置】功能组中单击【排练计时】按钮，自动启动幻灯片放映视图进入排练放映状态，同时打开【录制】对话框，如图 14-19 所示。

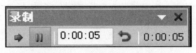

图 14-19　【录制】对话框

（2）单击【录制】对话框中的【下一项】按钮可以切换到下一张幻灯片的放映时间设置；【暂停】按钮用于暂时停止当前幻灯片的录制；单击【继续录制】按钮可以从暂停的地方继续原来的录制；【幻灯片放映时间】框中显示每张幻灯片的放映时间；【重复】按钮的作用是重新将当前幻灯片录制的时间归零，可以对当前幻灯片重新录制；【预演】工具栏最后显示的时间是所有幻灯片放映的总时间。

（3）在结束所有幻灯片【录制】操作之后，就会看到如图 14-20 所示的提示对话框，询问是否保存放映的时间设置。如果单击【是】按钮，那么就会将排练好计时的幻灯片保存起来；如果单击【否】按钮，就会放弃录制的排练计时操作，并可选择重新排练。

图 14-20　【录制】操作完成后的提示对话框

至此，电子相册制作完成，按下 F5 键或单击【幻灯片放映】按钮，即可欣赏最终效果。

14.2.7　保存电子相册

完成相册制作后，将相册演示文稿保存为自动放映的方式，这样以后打开相册的时候就直接进入放映方式而不会进入编辑窗口。保存为自动放映方式的方法：单击【文件】菜单项，选择【另存为】命令弹出【另存为】对话框。在该对话框中输入保存的文件名，如"美丽中国相册"，保存类型选择"PowerPoint 放映"格式（扩展名为 ppsx），如图 14-21 所示，单击【保存】按钮。

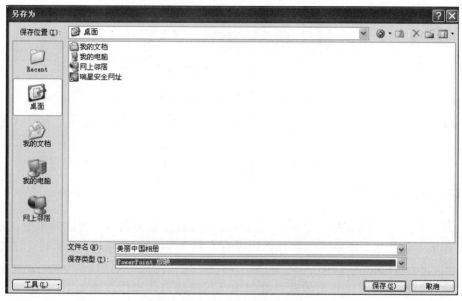

图 14-21　【另存为】对话框

14.2.8　加密电子相册

如果不希望别人打开自己制作的电子相册，可以通过设置打开密码来进行限制。设置打开密码的操作步骤如下：

（1）选择【文件】菜单中的【信息】命令。

（2）单击【保护演示文稿】按钮，弹出下拉菜单，如图 14-22 所示。

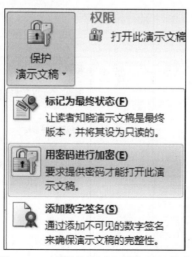

图 14-22　【保护演示文稿】下拉菜单

（3）选择【用密码进行加密】选项弹出【加密文档】对话框，如图 14-23 所示。

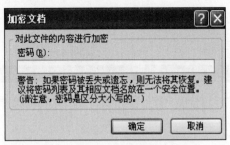

图 14-23 【加密文档】对话框

（4）输入自定义的密码后单击【确定】按钮，再次输入自定义的密码，最后单击【确定】按钮。

（5）单击【保存】按钮对所做的修改进行保存，至此，电子相册加密完成。

14.2.9 打包电子相册

在日常工作中，经常要将一个演示文稿通过移动磁盘复制到另一台计算机中，然后将这些演示文稿展示给他人。如果另一台计算机没有安装 PowerPoint 软件，那么将无法打开演示文稿，为此，PowerPoint 软件提供了"打包"功能，使得经过打包后的 PowerPoint 演示文稿在任何一台计算机中都可以正常放映。打包电子相册的具体操作步骤如下：

（1）选择【文件】菜单中的【保存并发送】命令弹出如图 14-24 所示的级联菜单。

（2）选择【将演示文稿打包成 CD】命令弹出【将演示文稿打包成 CD】窗格，如图 14-25 所示。

图 14-24 【保存并发送】的级联菜单　　　　图 14-25 【将演示文稿打包成 CD】窗格

（3）单击【打包成 CD】按钮，弹出【打包成 CD】对话框，如图 14-26 所示。

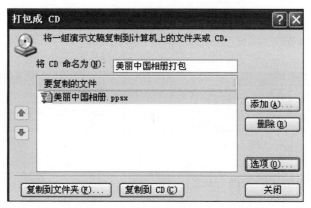

图 14-26　【打包成 CD】对话框

（4）在【将 CD 命名为】文本框中输入打包之后的相册名称，然后单击【复制到文件夹】按钮弹出【复制到文件夹】对话框，如图 14-27 所示。

图 14-27　【复制到文件夹】对话框

（5）单击【浏览】按钮弹出【选择位置】对话框，如图 14-28 所示。选择打包相册的保存位置，例如选择事先创建的"相册打包"文件夹，单击【选择】按钮返回【复制到文件夹】对话框。

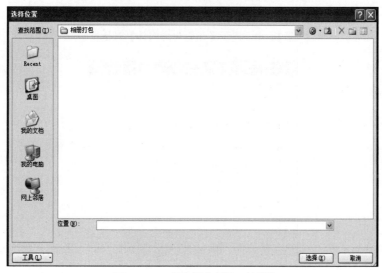

图 14-28　【选择位置】对话框

（6）单击【确定】按钮，弹出一个提示对话框，如图 14-29 所示，单击【是】按钮，即可完成打包操作。

至此，即将"相册打包"文件夹复制到移动磁盘上，拿到任何一台没有安装 PowerPoint 软件的计算机上便可播放。

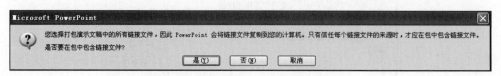

图 14-29　提示是否包含链接文件对话框

14.2.10　将相册演示文稿转换为视频文件

随着 PPT 制作越来越精美化、动感化和多媒体化，人们自然希望能把它完美转化成视频，在网页播放或者在 DVD 中播放。以往用 Wondershare PPT2DVD 之类的软件完成转化工作的过程中容易出现延迟、卡壳和模糊等问题，而且转换后还要用 Premiere 等专业视频软件编辑，操作比较烦琐。PowerPoint 2010 新增的转换功能可以非常轻松地完成转换工作，操作方法也很简单。用 PowerPoint 2010 打开一个.pptx 格式的文件，直接另存为.wmv 格式就可以了。但是，在转换过程中可能会出现一些声音方面的问题，根据编者的实践经验，下面向读者介绍相应的解决方法。

（1）如果转换 WMV 时出现如图 14-30 所示的提示对话框，则转换 WMV 视频文件后会没有声音，此时可通过单击工具栏上的【动画窗格】按钮，在动画窗格中双击声音文件，弹出【播放音频】对话框，选择【音频设置】选项卡，检查插入的声音文件是否显示为"文件：[包含在演示文件中]"，如图 14-31 所示，如显示文件路径，则需要把声音文件重新插入到演示文稿中。

图 14-30　提示【是否包含媒体】对话框

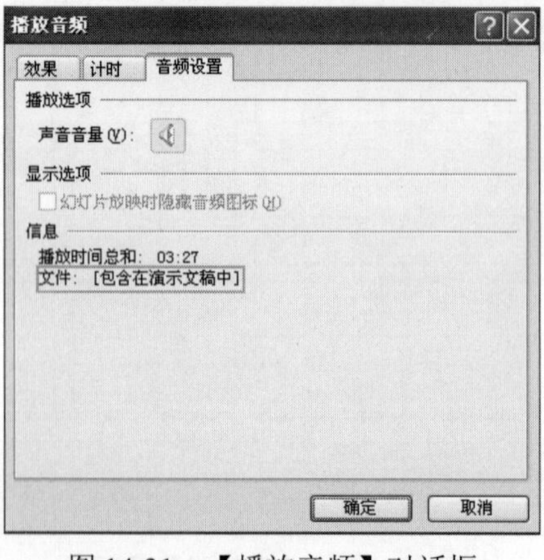

图 14-31　【播放音频】对话框

（2）如果演示文稿文件为.ppt 格式，则先将演示文稿文件另存为.pptx 格式后再进行转换。

（3）当一个对象设置了增强声音（即通过在动画属性里添加声音），无论是系统自带还是插入外部声音，转成 WMV 视频文件后都无声音，此时，应通过直接插入声音的方式插入声音，并且在自定义动画窗格里把声音对象的动画播放时间设置为【从上一项开始】。

14.3　实例小结

通过本例，读者应该掌握在 PowerPoint 2010 中创建电子相册，插入图形框、背景音乐，设置切换效果、动画效果、排练计时，保存相册，加密相册，打包相册，将相册转换为视频等方法。在制作过程中，首先要注意插入照片的步骤；其次要注意根据表达的需要恰当地使用一些动画效果，使其达到最佳视觉效果；最后，注意将所有的图片、音频文件和演示文稿文档应该保存到同一路径中，避免在播放的过程中出现链接错误的现象。

14.4　拓展练习

使用熊猫图片素材，利用 PowerPoint 2010 制作一份"熊猫宝宝"电子相册，要求如下：
（1）每张幻灯片利用不同的图形框添加说明文字；
（2）每张幻灯片使用不同的切换效果；
（3）每张图片尺寸合理并且设置有动画效果；
（4）每张幻灯片的播放时间为 3 秒钟，相册配有背景音乐；
（5）相册保存为放映方式。